MV AGUSTA
300L

Motorrad-Youngtimer

Jürgen Gaßebner

Die Kultbikes der 70er Jahre

Motorrad-Youngtimer

Jürgen Gaßebner

Die Kultbikes der 70er Jahre

Motor buch Verlag

Einbandgestaltung Katja Draenert unter Verwendung von Motiven aus dem Archiv des Autors.

Fotos: Gassebner (297), Brown (8), Schwab (8), Vogt (8)

Ein Unternehmen der Paul Pietsch-Verlage GmbH + Co

1. Auflage 2003

ISBN 3-613-02357-1

Gesamtherstellung: Bawa-Print
Printed in Hungary by Alföldi Nyomda Rt.

Vorwort

In der Sonne funkeln die Drahtspeichenräder, der Chrom blitzt frisch poliert, und beim Druck auf den Anlasserknopf dringt nicht lediglich ein asthmatisches Säuseln, sondern ein kraftvolles Donnern an unser Ohr: Bei Motorrädern, wie sie noch vor 20, 30 Jahren gebaut wurden, ist das völlig normal. Und zu unserer Freude sogar legal.
In diesem Band habe ich mich vornehmlich den bekanntesten Maschinen der 70er-Jahre gewidmet, sie größtenteils mit eigenen Erfahrungen charakterisiert und ihre wichtigsten technischen Kenngrößen dokumentiert. Kawasaki Z1, Ducati 750 SS und Honda CB 750 sind neben Preziosen wie MV Agusta 750 S America oder Benelli Sei 750 nur einige der zahlreichen Highlights in diesem Buch.
Aus der Idee, dieses Buch zu machen, wurde schon bald Realität, denn das Thema »Youngtimer«, also schwerpunktmäßig Motorräder aus den 70er-Jahren, liegt mir ganz persönlich am Herzen. Die heimische Garage und das Bankkonto sollten am liebsten mindestens 50 Motorräder aus dieser Zeit ermöglichen, aber die räumlichen wie monetären Grenzen ermöglichen eben nur deren fünf. Allesamt habe ich sie in marodem Zustand für kleines Geld gekauft und zusammen mit Freunden restauriert. Drei davon stelle ich Ihnen im Rahmen dieses Buches vor: eine Eckert-Honda CB 750 K1, eine CB 350 Four sowie eine Suzuki GT 380. Mir machen diese Bikes aus den 70er-Jahren unbändig Freude, und auf Treffen, aber auch aus Gesprächen im Redaktions-Alltag erfahre ich immer wieder, wie stetig das Interesse und die Begeisterung für jene Motorräder wachsen. So mancher erfüllt sich damit einen damals unerfüllbaren Jugendtraum - etwa in Form einer legendären Kawasaki H2 oder was auch immer.

Hobby & Beruf verknüpft: Jürgen Gassebner ist Youngtimer-Fan und schreibt leidenschaftlich gerne über die Maschinen aus den 70er-Jahren. Jüngstes Restaurierungs-Projekt ist diese Honda XL 250 Motosport aus dem Jahr 1974.

Deshalb wurden für dieses Buch wieder zahlreiche Locations für Fototermine angefahren, und mein englischer Kollege Roland Brown unterstützte die Arbeiten mit einigen schönen Produktionen aus seinem reich gefüllten Archiv. Gleiches gilt für meine beiden Kollegen Frank-Albert Illg, Ulrich Schwab und Gerfried Vogt von MOTORRAD CLASSIC - auch sie reicherten diesen Titel mit Material aus ihren Archiven an.
Insgesamt 36 Youngtimer von den ersten Zweitakt-Kawasaki bis hin zu den monströsen Sechszylinder-Bikes finden sich in diesem Buch und lassen vor allem die Herzen der Youngtimer-Fans hoffentlich höher schlagen. Aber nicht nur die.

Einen genussvollen Streifzug durch die Welt der 70er-Jahre-Maschinen wünscht Ihnen

Ihr
Jürgen Gassebner

Stuttgart, im Oktober 2003

Der Autor
Gassebner, Jahrgang 1962, kam nach dem Studium der Physik und Betriebswirtschaft sowie einer EDV-Ausbildung zur Motor-Presse Stuttgart, wo er als Geschäftsführender Redakteur die beiden Zeitschriften PS - Das Sport-Motorrad Magazin und mopped - Die etwas andere Motorrad-Zeitschrift leitet. Als Fotograf und Autor arbeitet der Diplom-Betriebswirt im Actionbereich auch für andere Magazine der Motor-Presse Stuttgart, wie etwa MOTORRAD CLASSIC und die Luftfahrtzeitschrift Aerokurier.
Der gebürtige Stuttgarter schuf sich auch als Autor und Herausgeber etlicher Fachbücher einen Namen. Mehr als 50 Titel zu den Themen Motorrad und Luftfahrt sind bisher von ihm erschienen. Privat beschäftigt sich Gassebner am liebsten mit Old- und Youngtimern - egal ob mit zwei oder vier Rädern, egal ob zu Lande oder in der Luft. Mehr über ihn und seine Projekte erfahren Sie auf seiner Website www.jgassebner.de.

INHALT

INHALT

Die Youngtimer-Szene in Deutschland

Youngtimer, also Motorräder die mindestens 20 aber noch nicht 30 Jchre alt und damit noch keine Oldtimer sind, erfreuen sich in den letzten Jahren immer größerer Beliebtheit bei den Fans, Sammlern und Restau'atoren. Kunststück, fallen hierunter doch die legendären Maschinen aus den 70er-Jahren, also der Zeit, als das Motorrad im Sog der Trend setzenden Honda CB 750 nicht nur wieder salonfähig, sondern gar zum begehrten Freizeit-Artikel avancierte.

So mancher 40- bis 50-Jährige erinnert sich heute an seine damalige Sturm- und Drangzeit und möchte sich das Traum-Motorrad von damals gerne in die Garage holen. Entweder als gepflegtes Sammlerstück oder aber als »Baustelle«, sprich Restaurations-Objekt.

Über viele Jahre hinweg boten vor allem Veteranenmärkte wie die »Veterama« gute Möglichkeiten, an seinen »Traum-Oldtimer« zu gelangen. In welchem Zustand auch immer. Nach wie vor sind diese Märkte gut besucht, und es wird gefeilscht, was das Zeug hält. Der klare Vorteil: Sie können ansehen und in die Hand nehmen, was Sie kaufen möchten. Ein nicht zu unterschätzender Vorteil. Ebenfalls zu den klassischen Märkten zählen die Kleinanzeigen der einschlägigen Fachpresse, aber auch der lokalen Tageszeitungen und Anzeigenblätter. Hin und wieder entdeckt man dort restaurierungswürdiges Material.

Fraglos hat sich in den letzten Jahren aber das Internet zu einer gigantischen Drehscheibe für Old- und Youngtimer, ja für Fahrzeuge schlechthin, entwickelt. Sowohl komplette Fahrzeuge als auch alle möglichen Teile werden etwa unter www.ebay.de, einem elektronischen Auktionshaus, angeboten. Hier bieten private wie gewerbliche Anbieter an, und die Kauf-Interessenten bieten, ganz wie bei einer »richtigen« Versteigerung. Die dabei erzielten Preise sind manchmal erstaunlich niedrig, hin und wieder aber auch schwindelerregend hoch. Hier hilft freilich nur die persönliche Selbstdisziplin und ein klar definiertes finanzielles Limit. Was teuer und was billig ist, stellt sich jedoch oft erst nach Erhalt und natürlich vorheriger Bezahlung der Ware heraus. Gut möglich also, dass Sie »die Katze im Sack« kaufen. Ich selbst habe mit »ebay« aber sehr gute Erfahrungen gemacht. Fast immer sind die Teile wahrheitsgemäß beschrieben und mit einem Foto abgebildet.

Eine weitere gute Möglichkeit an komplette Fahrzeuge oder auch Teile zu gelangen, bietet www.mobile.de, wo vor allem Autos, aber auch Motorräder angeboten werden. Die Kaufpreise sind

Kultbikes I: Eine Eckert-Honda CB 750 K1, eine CB 350 Four sowie eine Suzuki GT 380 N sind typische Vertreter der Youngtimer-Szene und heute bereits gesuchte Raritäten.

Kultbikes II: Kawasaki Z1, H2 und H1 schrieben in den 70er-Jahren mehr als nur Motorrad-Geschichte. Noch heute sorgen sie an den Stammtischen dieser Welt für abenteuerliche Geschichten.

hier festgelegt, und eine vorherige Besichtigung ist praktisch immer möglich.
Zu guter Letzt gibt es natürlich noch die zahlreichen Marken-spezifischen Clubs und Interessen-Gemeinschaften, zu denen eine Kontaktaufnahme oft lohnen kann. Meist werden zum Verkauf stehende Maschinen oder Ersatzteile nämlich erst einmal innerhalb solcher Gemeinschaften angeboten. Zudem sind diese Clubs und IGs natürlich mit einem reichen Erfahrungsschatz gesegnet, der im Falle einer Restaurierung von unschätzbarem Wert ist.
Der gängigste Weg, an entsprechende Kontakte zu gelangen, ist auch in diesem Falle die Suche über das gigantische Internet, die praktisch immer erfolgreich verläuft.
Kurzum, es gibt zahlreiche gangbare Wege, um an ein Restaurierungs-Objekt zu kommen. Ich empfehle, keinen davon auszuschließen. Vor allem nicht das Internet, denn mehr und mehr spielen sich die Kauf- und Verkaufs-Transaktionen über das weltweite Netz (www = world wide web) ab.
Ein besonders hohes Maß an Kompetenz im Umgang mit Old- und Youngtimern besitzt der Veteranen-Fahrzeug-Verband (VFV), in dem mehr als 3000 Fahrer und Besitzer historischer Motorräder organisiert sind. Insgesamt dürfte der Fahrzeugbestand dieser Halter sogar im Bereich zwischen 10.000 und 15.000 Maschinen liegen. Wahrlich ein stattlicher Fundus und natürlich geradezu ein »Schmelz-Tigel« von Wissen und Erfahrung.
Vor allem was historische Unterlagen und Material zu den Motorrädern angeht, ist der VFV ein sehr gut sortierter Ansprechpartner. Insbesondere gilt dies natürlich für »richtige« Oldtimer, also Maschinen, die älter sind als 30 Jahre. Allerdings hat auch der VFV erkannt, dass nicht nur diese 30-Jahre-Grenze mehr und mehr »moderne« Motorräder aus den 70er-Jahren zum Oldtimer macht. Ein Umstand, der von einigen Mitgliedern durchaus kritisch betrachtet wird, denn für so manchen gilt eine NSU Max aus den 50er-Jahren zwar sehr wohl als Oldtimer, nicht jedoch eine Kawasaki 500 H1 Mach III von 1969. Fraglos steht auch dem VFV zukünftig diese neue Generation von Motorrädern ins Haus, und VFV-Präsident Willi Hof hat dies klar erkannt. In seiner Antrittsrede im Jahr 2002 bricht er eine Lanze für die sogenannten »Youngtimer«, also Motorräder, deren Alter zwischen 20 und 30 Jahren liegt. Auch für Fahrer solcher Maschinen dürfte der VFV zukünftig zunehmend interessant sein, zumal der Verband sich seit vielen Jahren um die Ausrichtung zahlreicher, übrigens gut besuchter Oldtimer-Veranstaltungen kümmert. Sei es auf öffentlichen Straßen oder auch auf abgesperrten Strecken. Dort trifft sich der harte Kern der Szene, und ein Besuch lohnt sich mittlerweile auch für den Youngtimer-Fan.

Benelli 750 Sei

SECHS-APPEAL

Mit der 750 Sei schuf der italienische Hersteller Benelli eine Sechszylinder-Maschine mit ganz besonderem Flair. Allein ihr Klang aus den sechs separaten Auspuffrohren gehört zum Besten, was die Motorrad-Welt zu bieten hat.

Wer über Benelli spricht, landet ganz rasch bei der legendären 750 Sei, die der Hersteller im italienischen Pesaro zunächst 1972 als Prototyp und erst 1975 schliesslich in Serie präsentierte. Mit 750 Kubikzentimetern Hubraum, auf sechs Zylinder verteilt, war sie das erste in Serie gebaute Motorrad mit Sechszylinder-Reihenmotor und damit Vorreiter der später erschienenen Honda CBX und Kawasaki Z 1300. Allerdings, und dies fällt an der Benelli bereits beim ersten Blickkontakt positiv auf, vermied es Konstrukteur Pierpaolo Prampolini, ein überaus grosses und mächtiges Motorrad auf die Räder zu stellen. Im Gegenteil: Von der Seite betrachtet, mutet die 750 Sei sogar zierlich an, und lediglich die

Gesuchtes Sammlerstück:
Nur etwa 2000 Einheiten der 750 Sei wurden produziert, und nur rund 500 davon kamen nach Deutschland. Entsprechend gefragt ist die Italienerin heute.

Six-Pack:
58 PS produziert der luftgekühlte Sechszylinder der Benelli 750 Sei. Genug für circa 185 km/h Höchstgeschwindigkeit in liegender Haltung.

Bequeme Unterbringung:
Die Sitzposition auf der 750 Sei ist kommod und lässt den Fahrer somit auch längere Distanzen entspannt zurücklegen.

fanfarenartig verlegten Schalldämpfer lassen erahnen, dass im Doppelschleifen-Rohrrahmen ein besonderes Triebwerk arbeiten muss. Aufklärung bringt schließlich der direkte Blick von vorne. Dann kann die Benelli nichts mehr verbergen, und der weit ausladende Sechszylinder-Reihenmotor dominiert die Silhouette.
Bei der Konstruktion dieses Triebwerkes schielte Benelli stark nach der hauseigenen 500 Quattro – im Grunde eine Kopie der Honda CB 500 Four, und alleine Motorgehäuse und Zylinderkopf weisen starke verwandtschaftliche Merkmale auf. Im Prinzip wurde aus dem 500er Motor praktisch ein 750er durch »Ansetzen« zweier zusätzlicher Zylinder entwickelt. Allerdings – und damit erschöpft sich die Arithmetik denn auch – wuchs die Leistung in der Praxis nicht von den ursprünglichen 48 PS der 500er auf theoretisch mögliche 72 PS an. Nur mehr 58 PS wies das Datenblatt für den Sechszylinder aus.
Dies war vor allem darauf zurückzuführen, dass die Frischgas-Aufbereitung nicht von sechs einzelnen Vergasern, sondern nur von deren drei, die per Manifold jeweils zwei Zylindern zugeschaltet waren, übernommen wurde.

Etwas hausbacken:
Tachometer und Drehzahlmesser sind in einem wenig schmucken, eckigen Gehäuse untergebracht. Eine zweckmäßige, aber nicht gerade hübsche Lösung.

Schön und wuchtig:
Der mächtige Sechszylinder-Motor und die sechs Endschalldämpfer dominieren das Erscheinungsbild der 750 Sei auch aus dieser Perspektive.

Im täglichen Umgang erfreute dies zumindest die Mechaniker, die den Kundendienst und die üblichen Synchronisationsarbeiten an den Vergasern durchzuführen hatten. Statt sechs mussten nur drei Vergaser eingestellt werden. Allerdings ergab sich aus dieser Konstruktion eine etwas zähe Leistungscharakteristik. Notwendig wurde diese Konstruktion

Technische Daten

Motor	
Bauart	4-Takt/Reihe
Zylinderzahl	6
Ventile je Brennraum	2
Ventiltrieb	OHC
Bohrung in mm	56
Hub in mm	50,6
Hubraum in cm3	747
Verdichtung	9,8:1
Leistung in PS/ Nenndrehzahl in 1/min	58/8500
Gemischaufbereitung	
Bauart/Anzahl	Gleichdruck-Vergaser/3
Hersteller	Dell' Orto
Venturi-Durchmesser in mm	24
Kraftübertragung	
Getriebe/Anzahl Gänge	Klauen/5
Primärübersetzung	1,166
1. Gang	2,454
2. Gang	1,714
3. Gang	1,277
4. Gang	1,050
5. Gang	0,900
Sekundärübersetzung	2,47
Sekundärantrieb	Rollenkette
Elektrische Anlage	
Generatorleistung in Watt	150
Betriebsspannung in Volt	12
Zündung	Batterie-Spulen-Zündung
Fahrwerk	
Rahmenbauart	Doppelschleifen-Rohrrahmen aus Stahl
Radführung vorne	Telegabel
Federweg vorne in mm	130
Radführung hinten/Federbeine	Schwinge/2
Federweg hinten in mm	95
Radstand in mm	1420
Räder und Bremsen	
Felgengröße vorne	1.85" x 18"
Felgengröße hinten	2.15" x 18"
Bereifung vorne	3.50-18
Bereifung hinten	4.00-18 oder 120/90-18
Bremse vorne/Durchmesser in mm	Doppelscheibe/230
Bremse hinten/Durchmesser in mm	Trommel/200 oder Einzelscheibe/200
Maße und Gewichte	
Länge in mm	2150
Breite in mm	890
Höhe in mm	1180
Sitzhöhe in mm	800
Gewicht in kg	235 (vollgetankt)
Tankinhalt in Litern	22
Fahrleistungen	
Höchstgeschwindigkeit langliegend	ca. 185 km/h
Preis	10.989.- Mark (1975)
Hersteller	Benelli, Pesaro, Italien

aber unter anderem deshalb, weil sechs Vergaser zu breit gebaut hätten, einen voluminösen Luftfilterkasten erfordert und vor allem die Beinfreiheit des Fahrers zu sehr eingeschränkt hätten. Der 750 Sei fehlte es im oberen Drehzahlbereich einfach etwas an »Bumms«. Überdies sorgten die kleinen Einzelhubräume nicht gerade für berauschende Durchzugsqualitäten. Kurzum: Für flottes Vorankommen wollte die Benelli 750 Sei stets mit ordentlich Drehzahl bewegt werden.
Fahrleistungen, die etwas unter dem Niveau einer Honda CB 750 lagen, dokumentierten sich in einer Höchstgeschwindigkeit von etwa 185 km/h und einer Beschleunigung von 0 auf 100 km/h in circa fünf Sekunden. Und das war 1975 durchaus ein Wort, auch wenn die 900er Kawasaki diesbezüglich schon deutlich mehr zu bieten hatte.
Flotte Umtriebe auf kurvenreichen Landstraßen vereitelten aber schließlich das stattliche Gewicht von 235 Kilogramm und noch mehr die mangelhafte Bodenfreiheit der Sechszylinder-Maschine. Alles in allem war die 750 Sei damals ein schönes Stück Motorrad-Technik für Liebhaber italienischer Maschinen. Heute ist sie ein seltenes und auch gesuchtes Stück, und gute, gepflegte Exemplare sind kaum unter 4.000 Euro zu bekommen, was auch daraus resultiert, dass die 750 Sei nie ein großer marktwirtschaftlicher Erfolg wurde. Nur etwa 2000 Exemplare wurden gebaut, von denen etwa 500 nach Deutschland kamen. Die Tendenz auf dem Gebrauchtmarkt ist deshalb steigend, vor allem weil das futuristisch gestylte Nachfolge-Modell 900 Sei bei weitem nicht die Beliebtheit der in klassischen Linien gezeichneten und bis 1978 gebauten 750er erreichte. Hier scheint mehr und mehr der Grundsatz zu gelten: Wenn Sei, dann die 750er.

Der gute Ton:
Die Lebensäusserungen, die der Sechszylinder durch seine Auspuffe entlässt, können sich fürwahr hören lassen. Der Sound gehört zum Besten, was die Motorradwelt zu bieten hat.

Cruising auf italienisch:
Mit moderatem Tempo dahingleiten und den Sechszylinder genießen – das liegt der Benelli mit ihrer geringen Bodenfreiheit weit besser als das flotte Durcheilen von Kurvenkombinationen.

RF-200

Bimota KB 1

KIT FOR FUN

Wer so richtig Spaß mit dem 94 PS starken Vierzylindermotor der Kawasaki Z 1000 Mk II haben wollte, griff 1979 gerne zum edlen und spurtreuen Bimota-Fahrwerk.

Die soeben bei unserer Testfahrt gemachte Erfahrung sollte man als Motorradfahrer von heute durchaus einmal gemacht haben. Die Rede ist von einigen Kilometern auf der Bimota KB 1, in diesem speziellen Fall derjenigen von Wolfgang Rohde. Ob über schnelle Autobahnabschnitte oder kurvenreiche Landstraßen – die KB 1 lässt kaum Wünsche offen, und irgendwie mag es uns nicht so recht in den Kopf gehen, dass diese Sportmaschine nun schon 20 Jahre alt ist. Wie kommt's? Nun, überraschend spritzig und lebendig geht der 1000er Vierzylinder von Kawasaki zu Werke, mit einer Drehfreudigkeit oberhalb von 5000/min, die man beim Serientriebwerk vergeblich sucht. Dabei verpassten die Ingenieure der im italienischen Badeort Rimini ansässigen Firma dem Vierzylinder lediglich atmungsaktivere K&N-Filter an Stelle der serienmässigen Luftfilterkastens sowie eine Vier-in-Eins-Auspuffanlage mit mehr Durchsatz. Ein weiterer Grund, weshalb wir die Bimota KB 1 fast als aktuelles Sportmotorrad akzeptieren können, liegt aber vor allem in den ausgezeichneten

Up to date: Auch heute noch kann die Bimota KB 1 begeistern. Meisterhaftes italienisches Design verbindet sich bei ihr mit hochwertigster Motorrad-Technik.

Zielgenau:
Die großen 18 Zoll-Räder verleihen der KB 1 ein äußerst präzises Fahrverhalten. Die einmal anvisierte Linie wird mit ihr stets genau getroffen.

Fahrwerksqualitäten dieser Maschine. Willig, ja geradezu kurvengierig scheint die KB 1 die nächste Kurvenkombination zu erwarten, um sich dann von ihrem Fahrer mit geringem Kraftaufwand in Schräglage bringen zu lassen. Hierbei fällt die 18 Zoll-Bereifung noch nicht einmal negativ ins Gewicht, die Handling-Qualitäten sind ausgeprägt gut. Eher vermitteln die 18 Zöller sogar ein sehr präzises Fahrgefühl, das es dem Fahrer leicht macht, den einmal gewählten Strich auch zielgenau zu durcheilen. Bei unserer Testmaschine waren allerdings nicht die serienmäßigen Campagnolo-Räder montiert, sondern Dreispeichen-Räder des Mannheimer Herstellers PVM.

»Als der Vorbesitzer nach einer längeren Standzeit irgendwann neue Reifen aufziehen wollte, zerbrö-

Leicht modifiziert: Die KB 1 von Wolfgang Rohde trägt Dreispeichen-Räder des Mannheimer Herstellers PVM. Die originalen Campagnolo-Räder mussten aus Sicherheitsgründen weichen.

selten die leichten Räder fast unter dem Montierhebel. Ein Austausch gegen solides Material war im Sinne der Sicherheit also nicht zu umgehen«, erklärt der heutige Besitzer Wolfgang Rohde. Ebenso handelt es sich beim eingebauten Triebwerk nicht um einen Mk II-Motor, sondern um ein Z1-R-Aggregat. »Doch die schenken sich in der Leistung praktisch nichts«, versichert Rohde, der den Vierzylinder gerade einen Tag vor unserem Fototermin »aus technischen Gründen« tauschte.

Neben einem guten Stück Fahr-Faszination begeistert die KB 1 aber vor allem auch durch die handwerkliche Qualität der Fertigung und durch ihr Design. Das schmucke Äußere entstammt freilich keiner genialeren Feder als der des berühmten Massimo Tamburini, einem der drei Firmengründer von Bimota. Die Formgebung der knapp geschnittenen Vollverkleidung überzeugt ebenso wie die flüssig gestylte Kombination der Sitzbank und des mit einer GFK-Haut überzogenen Leichtmetalltanks. Damals wie heute wollte die KB 1 ganz Rennmaschine mit Strassenzulassung und dabei nicht viel grösser als eine 500er sein.

Basis dieses schmucken Sportmotorrades ist freilich ein aufwendig gefertigter Gitterrohrstahlrahmen aus Chrommolybdänstahl mit einer Zugfestigkeit von 95 Kilogramm pro Quadratmillimeter, der den Kawasaki-Vierzylinder als tragendes Element integriert.

Herkömmliche, damals im Rahmenbau verwendete Stähle erreichten gerademal 50 Kilogramm pro Quadratmillimeter. Hieraus und natürlich aufgrund der ausgeklügelten Berechnung bezieht das den Vierzylinder umschließende Gitterrohr-Chassis seine extreme Verwindungssteifigkeit.

Grundsätzlich gab es seinerzeit drei Möglichkeiten

Feine Details:
Ob Fussrasten oder Schwingenaufnahme – die KB 1 bietet dem Techniker allerlei feine Details zum Schwärmen. 1979 zählte die KB 1 zweifellos zum Besten, was es auf dem Motorradmarkt zu kaufen gab.

Drangvolle Enge:
Knapp umschmeichelt der Gitterrohrrahmen den Kawasaki-Vierzylinder. Der Kabelbaum ist, lediglich mit Aluminiumgewebe armiert, über dem heißen Motor verlegt.

Leihgabe:
Von der Kawasaki Z1-R stammt nicht nur der Motor dieser KB 1, sondern auch die Instrumente. Wie viele KB 1 entstand auch diese Maschine auf Basis des Kits.

an eine KB 1 zu gelangen. Möglichkeit Nummer eins war, die Maschine zum Komplettpreis von 19.980 Mark beim damaligen Importeur, der Bimota Motorradvertriebs GmbH in Ingolstadt unter Leitung von Willi Steibl und Heinz Wegmann zu kaufen. Möglichkeit zwei sah vor, für 11.500 Mark einen Kit zu ordern und diesen mit Kawasaki-Originalteilen zu komplettieren. Die dritte Variante, ebenfalls 11.500 Mark teuer, sah vor, die Original-Kawasaki in Ingolstadt abzuliefern und für eine günstige Pauschale von 800 Mark von den dortigen Mechanikern in eine KB 1 verwandeln zu lassen.
Alleine aufgrund dieser verschiedenen Möglichkeiten, eine KB 1 entstehen zu lassen, trifft man heute so manche Spielart der KB 1 an. Manche Maschinen verfügen über Räder, Bremsen und Telegabel der Kawasaki Z 1000 Mk II, andere wiederum besitzen die erwähnten Campagnolo-Räder, eine Brem-

bo-Bremsanlage sowie eine Marzocchi-M1R-Telegabel. Letztere Version – von den Rädern abgesehen – entspricht der hier vorgestellten Maschine. Ebenso von der Serien-Kawasaki wurden auch die Instrumente, Armaturen sowie elektrische Bauteile nebst Kabelbaum übernommen. Letzterer ist übrigens – von einem Aluminiumgewebe gegen die Wärme isoliert – unter dem Tank direkt über dem Motor geführt und lediglich mit ein paar Kabelbindern befestigt. Eine sehr simple und nicht sehr schöne, doch offenbar funktionierende Lösung.
Was in den Testberichten seinerzeit als Manko aufgeführt wurde, erscheint aus heutiger Perspektive durchaus sinnvoll. Die Rede ist von der Hinterradbremse. Nur bei sehr kräftigem, ja fast brutalem Tritt auf die wunderschön aus gesenkgeschmiedetem Aluminium gefertigte Fussrasten-Hebelei neigt sie zum Blockieren. In der Praxis bedeutet dies, dass sie selbst bei vehementem Einsatz der gut wirkenden vorderen Brembo P08-Zangen gerne zur Unterstützung herangezogen werden darf – ohne Gefahr zu laufen, vom Hinterrad überholt zu werden.
Ebenso heimste auch die Sitzposition auf der KB 1 von den Testern Kritik ein, und auch hier hilft ein Vergleich mit der Neuzeit weiter. Damals empfahl die Fachjournaille sogleich den Kauf einer neuen Lederkombination, wolle man halbwegs entspannt und ohne kneifendes Leder den Fahrspaß auf der KB 1 genießen. Zumindest mit Sportanzügen aktueller Prägung kann hiervon jedoch keine Rede sein. Selbst unserem 1,90 Meter grossen Fahrer passte die KB 1 wie angegossen, und dies im besten Sinne des Wortes. Arme, Beine, Hände und Füße fallen exakt dorthin, wo sie der Konstrukteur beim Arrangement auf dem Reißbrett offenbar auch vermutet hat, und entsprechend unbefangen gestaltet sich der Umgang mit der KB 1 schon von den ersten Metern an.
Bis 5000/min zieht der Vierzylinder konstant an Leistung zulegend, und darüber wird er so richtig

Thema mit Variationen:
Der Kawasaki-Vierzylinder bot sich für viele Spezialmotorräder an. Hier trifft die italienische KB 1 auf eine englische Rickman-Kawasaki.

munter. Die eigentliche Drehzahlgrenze von 8500/min kann dabei getrost um 1000/min überschritten werden - die Mechanik gestattet dies, und das Temperament sowie die Leistungskurve des Vierzylinders ermuntern auch dazu.
Der sportlichen Motorcharakteristik hinkt das Fahrwerk wie bereits erwähnt in keiner Weise hinterher. Im Gegenteil: Durch die ausgeklügelte Anordnung des Schwingendrehpunktes zur Abtriebswelle begeistert die KB 1 vor allem auch mit einem ausgeprägten Traktionsverhalten, das sich in einem leichten Aufstellmoment der Hinterradschwinge beim Gasaufziehen ähnlich wie bei einem Kardanantrieb äussert. Aufgrund des relativ kurzen Federwegs des De Carbon-Federbeines von 120 Millimeter an der Hinterradachse hält sich das Zusammensacken der Maschine beim Gaswegnehmen in Kurven jedoch in Grenzen. Gefahrlos ist dieses Symptom allemal, denn die KB 1 bietet Bodenfreiheit ohne Ende, und erst bei unchristlichen Schräglagen, die Nachwuchs-Doohans sofort mit dem Knieschleifer beantworten würden, setzt der links plazierte Seitenständer auf. Als »Haftpflicht-Versicherung« diente bei unseren Testfahrten der Pirelli Match, der auf der KB 1 als überaus harmonische Bereifung das Prädikat empfehlenswert verdient. Mit 237 km/h, der seinerzeit von MOTORRAD gemessenen Höchstgeschwindigkeit, stellte die KB 1 1979 so ziemlich alles in den Schatten, und – sind wir ehrlich – arg viel mehr braucht es auch heutzutage nicht zu sein. Wohl auch aus diesem Grunde sind die heute noch von den insgesamt 827 Stück produzierten KB 1 gehegte, gepflegte und vor allem gesuchte Liebhaberstücke, die in den seltensten Fällen unter der 5.000 Euro-Schwelle gehandelt werden. Wertstabilität war also ein weiteres gutes Argument, sich vor 20 Jahren für einen der schnellen Kawasaki-Renner aus Rimini zu entscheiden. Nicht umsonst brannte sich schon früh der Slogan ein: »Bimota - der Ferrari auf zwei Rädern.«

Technische Daten

Motor	
Bauart	4-Takt/Reihe
Zylinderzahl	4
Ventile je Brennraum	2
Ventiltrieb	DOHC
Bohrung in mm	70
Hub in mm	66
Hubraum in cm^3	1016
Verdichtung	8,7:1
Leistung in PS/Nenndrehzahl in 1/min	94/8000
Gemischaufbereitung	
Bauart/Anzahl	Rundschieber-Vergaser/4
Hersteller	Mikuni
Venturi-Durchmesser in mm	28
Kraftübertragung	
Getriebe/Anzahl Gänge	Klauen/5
Primärübersetzung	1,73
1. Gang	3,17
2. Gang	2,19
3. Gang	1,67
4. Gang	1,38
5. Gang	1,22
Sekundärübersetzung	2,20
Sekundärantrieb	Rollenkette
Elektrische Anlage	
Generatorleistung in Watt	180
Betriebsspannung in Volt	12
Zündung	Batterie-Spulen-Zündung
Fahrwerk	
Rahmenbauart	Gitterrohrrahmen aus Chrommolybdänstahl
Radführung vorne	Marzocchi-Telegabel
Federweg vorne in mm	140
Radführung hinten/Federbeine	Schwinge/1 De Carbon
Federweg hinten in mm	120
Radstand in mm	1395
Räder und Bremsen	
Felgengröße vorne	2.50" x 18"
Felgengröße hinten	3.50" x 18"
Bereifung vorne	110/80-18
Bereifung hinten	150/70-18
Bremse vorne/Durchmesser in mm	Doppelscheibe/280
Bremse hinten/Durchmesser in mm	Einzelscheibe/260
Maße und Gewichte	
Länge in mm	2080
Breite in mm	690
Höhe in mm	1220
Sitzhöhe in mm	800
Gewicht in kg	226 (vollgetankt)
Tankinhalt in Litern	14,6
Fahrleistungen	
Höchstgeschwindigkeit langliegend in km/h	237
Preis (nur Fahrwerkskit)	19.980.- (1979)
Hersteller	Bimota, Rimini, Italien

BMW R 90 S

BOXER-AUFSTAND

Mit der sportlichen R 90 S erhob sich BMW 1973 gegen die leistungsstarken Maschinen aus Fernost vom Schlage einer Kawasaki Z1 900 und einer Honda CB 750.

Noch heute schwärmen eingefleischte BMW-Fans von der R 90 S. Die zunächst 1973 in rauchsilberner Lackierung vorgestellte Sportmaschine war vom deutschen Designer Hans A. Muth in einem so aufregend schönen Styling gezeichnet worden, dass sie selbst heute, mehr als 25 Jahre nach ihrem Erscheinen, noch Begeisterung weckt. Erst recht gilt dies für die ab 1975 produzierte R 90 S in der Farbkombination Daytona Orange.

Doch Design ist bekanntlich nicht alles und Farbe auch nicht. Deshalb muss die R 90 S ihren bis heute bestehenden Mythos zweifellos auch mit inneren Werten untermauert haben.
Dazu zählt – wie eigentlich immer bei BMW – zunächst einmal das komfortable Fahrwerk mit sei-

Der Sport-Boxer schlechthin:
Mit 67 PS rannte die R 90 S knapp 200 km/h schnell und hielt damit 1973 Anschluss an die schnelle Honda 750 und Kawasaki 900.

Komplett ausgestattet:
Die R 90 S verfügte über einen einstellbaren Lenkungsdämpfer.

Mit neuem Gesicht:
Der deutsche Designer Hans A. Muth verpasste der R 90 S ein frisches, sportliches Erscheinungsbild. Neben der Lackierung in Daytona-Orange war die R 90 S auch in Rauch-Silber zu haben.

Aufgepeppt:
38er-Vergaser von Dell'Orto kümmern sich beim R 90 S-Motor um die Gemischaufbereitung.

nen langen Federwegen, die selbst auf Landstrassen dritter Ordnung noch eine forsche Gangart erlauben. Dem bewährten Boxer-Motor halfen die Techniker überdies mit zwei 38 Millimeter großen Schiebervergasern des italienischen Herstellers Dell' Orto auf die Sprünge. Im Gegensatz zu den bis dahin verwendeten Gleichdruck-Vergasern des deutschen Zulieferers Bing sorgten die talienischen Pendants für ein deutlich spontaneres Ansprechverhalten sowie überdies mehr Leistung. 67 PS – genausoviel wie die Honda CB 750 vorzuweisen hatte – gab das Werk in München für den R 90 S-Motor an. In der Fahrpraxis wurde diese Papierform mit gemessenen Höchstgeschwindigkeiten nahe der 200 km/h-Marke denn auch bestätigt. Das »Werks-Tuning« hatte sich also gelohnt.
Fahrwerksseitig war hingegen überwiegend auf Bewährtes vertraut worden. Doppelschleifen-Stahlrohrrahmen, Telegabel vorne sowie einstellbare Federbeine hinten. Den sportiven Fahrleistungen trug dagegen eine Doppelscheibenbremse Rechnung, wohingegen das Hinterrad nach wie vor eine Trommelbremse zierte.
Wie gewohnt bestach auch das R 90 S-Fahrwerk mit Tugenden wie Komfort und Tourentauglichkeit, und im Sportbetrieb gab es - die korrekte Einstellung der Lenkkopf- und Schwingenlagerung vorausgesetzt – ebenfalls keinen Anlass zur Klage. Allerdings – und damit wären wir bei einer Eigenheit von kardangetriebenen Motorrädern im allgemeinen und von BMW-Maschinen im besonderen – erforderte auch die R 90 S einen entschlossenen Fahrer, sollte es forsch durch die Kurven gehen. Frühes und beherztes Gasaufziehen sorgte nämlich für ein Aufstellmoment an der Hinterradschwinge (bedingt durch den Kardanantrieb), was sich aufgrund der langen Federwege besonders stark bemerkbar machte. Hier konnte also deutlich Bodenfreiheit

Leicht geschützt: Die knapp geschnittene Cockpit-Verkleidung entlastete den Oberkörper des Fahrers im oberen Geschwindigkeitsbereich.

Technische Daten

Motor	
Bauart	4-Takt/Boxer
Zylinderzahl	2
Ventile je Brennraum	2
Ventiltrieb	OHV
Bohrung in mm	90
Hub in mm	70,6
Hubraum in cm^3	898
Verdichtung	9,5:1
Leistung in PS/Nenndrehzahl in 1/min	67/7000
Gemischaufbereitung	
Bauart/Anzahl	Rundschieber-Vergaser/2
Hersteller	Dell'Orto
Venturi-Durchmesser in mm	38
Kraftübertragung	
Getriebe/Anzahl Gänge	Klauen/5
Primärübersetzung	2,07
1. Gang	4,40
2. Gang	2,86
3. Gang	2,07
4. Gang	1,67
5. Gang	1,50
Sekundärübersetzung	3,36
Sekundärantrieb	Kardan
Elektrische Anlage	
Generatorleistung in Watt	280
Betriebsspannung in Volt	12
Zündung	Batterie-Spulen-Zündung
Fahrwerk	
Rahmenbauart	Doppelschleifen-Rohrrahmen aus Stahl
Radführung vorne	Telegabel
Federweg vorne in mm	200
Radführung hinten/Federbeine	Schwinge/2
Federweg hinten in mm	125
Radstand in mm	1465
Räder und Bremsen	
Felgengröße vorne	1.85" x 19"
Felgengröße hinten	1.85" x 18"
Bereifung vorne	3.25-19
Bereifung hinten	4.00-18
Bremse vorne/Durchmesser in mm	Doppelscheibe/260
Bremse hinten/Durchmesser in mm	Trommel/200
Maße und Gewichte	
Länge in mm	2199
Breite in mm	875
Höhe in mm	1215
Sitzhöhe in mm	795
Gewicht in kg	235 (vollgetankt)
Tankinhalt in Litern	24
Fahrleistungen	
Höchstgeschwindigkeit langliegend in km/h	198 (Messung)
Preis	8.510.- Mark (1973)
Hersteller	Bayerische Motorenwerke, München

gewonnen werden. Allerdings war auch der umgekehrte Weg möglich. Wer in der Kurve das Gas abrupt schloss, durfte sich über ein Zusammensacken der Hinterradfederung nicht wundern, und auch nicht darüber, dass die BMW dann hart auf abstehenden Bauteilen – schlimmstenfalls auf den Zylinderköpfen – aufsetzte.
Heutzutage hat sich die R 90 S längst den Ruf der sportlichsten Boxer-BMW, die je in Serie gebaut wurde, erworben. Nicht zu unrecht, wie viele Kenner bestätigen, denn die R 90 S hatte über Jahre hinweg sogar Erfolge im Rennsport aufzuweisen, wie etwa unter Helmut Dähne.

Kurven-Künstler:
Gutes Handling und ausreichende Bodenfreiheit erlauben mit der R 90 S einen flotten Strich auf kurvenreichen Landstraßen. Hier zusammen mit der aktuellen R 1100 S.

Doppelt bremst besser: Als erste BMW trug die R 90 S eine Doppelscheibenbremse, die angesichts der gebotenen Fahrdynamik aber auch dringend notwendig war.

1000

BMW R 100 RS

WINDSBRAUT

Als erstes Serien-Motorrad mit Vollverkleidung brachte BMW 1976 die R 100 RS als hubraumgestärkte Nachfolgerin der sportiven R 90 S in den Markt. Der auf 980 cm3 und 70 PS erstarkte Boxer ermöglichte eine Höchstgeschwindigkeit von 200 km/h und die im Windkanal entwickelte Vollverkleidung extrem hohe Reise-Durchschnitte.

Als BMW 1976 die R 100 RS als erstes vollverkleidetes Serienmotorrad auf den Markt brachte, spaltete die designierte Nachfolgerin der populären, im Café-Racer-Stil gehalten R 90 S die Motorrad fahrende Gemeinde in zwei Lager. Entweder wurde die futuristisch designte RS kategorisch mit der Bemerkung »Schiff« abgelehnt, oder aber sie wurde wegen ihres im Windkanal entwickelten Kleids heiß begehrt. Dazwischen gab es jedenfalls nichts.

Rein funktional betrachtet gelang BMW mit der

Zeitlos schön? Nun, über die Gestaltung der R 100 RS lässt sich heute wie damals diskutieren. Ein Meilenstein in der Motorradgeschichte war sie mit ihrer aerodynamischen Haut 1976 auf jeden Fall.

Willig:
Trotz der ausladenden Verkleidung begeistert die R 100 RS auf der Landstraße mit gutem Handling.

Entspannt und trotzdem schnell: Sitzposition und Windschutz machten die R 100 RS zu einem komfortablen wie schnellen Begleiter für die sportliche Tour.

R 100 RS zweifelsohne ein enorm wichtiger Schritt vorwärts in der hauseigenen Motorrad-Entwicklung. BMW-typische Produkt-Merkmale wie Komfort, Reichweite, Fahrstabilität und Wartungsfreundlichkeit wurden mit einem ebenso eleganten wie sportlichen Erscheinungsbild gekonnt verknüpft. Mehr denn je eignete sich auch diese BMW ganz hervorragend für ausgedehnte Touren, bei denen auch der Beifahrer hohen Komfort genoss. Und all jenen, die der sportlichen R 90 S nachtrauerten, tröstete BMW mit einer nominell von 67 auf 70 PS gesteigerten Nennleistung sowie 200 km/h Höchstgeschwindigkeit.

Neben diesen Eckdaten verbargen sich zahlreiche wichtige, technische Überarbeitungen gegenüber der Vorgängerin freilich im Detail. So etwa das verstärkte Motorgehäuse oder auch die neuen, nun 94 statt 90 Millimeter messenden Kolben, die für die Hubraum-Erhöhung auf nunmehr 980 cm^3 verantwortlich waren. Ebenso nahm man auch das verstärkte Gehäuse des Hinterradantriebs nur am Rande wahr.

Komplett ausgestattet:
Neben Tachometer und Drehzahlmesser beherbergte das Cockpit auch eine Zeituhr sowie ein Voltmeter.

Zweier-Beziehung:
Neben der Einmannsitzbank war die R 100 RS auch mit dem Zwei-Personen-Polster zu haben. Die bevorzugte Lösung der meisten R 100 RS-Fahrer.

Werner Schwarz aus Wangen bei Göppingen erstand seine R 100 RS 1976. Seitdem begleitete sie ihn über viele zigtausend Kilometer. Und ein Ende ist noch nicht in Sicht.

Up to date:
Mit gelochter Doppelscheibenbremse entsprach die Bremsanlage 1976 dem in dieser Klasse geforderten Standard. Anstatt der Drahtspeichenräder waren auch Gussräder erhältlich.

Augenfällig war hingegen die Umstellung des Boxer-Motors auf eine neue Optik mit nun eckigen anstatt der traditionell runden Ventildeckel. Ebenso auf den ersten Blick bemerkte man die 40 Millimeter-Gleichdruckvergaser von Bing, die die zwar leistungsfreundlichen, jedoch auch etwas kapriziösen Dell'Orto-Einheiten der R 90 S ersetzten.
Obgleich der R 100 RS-Boxer damit zwar nicht ganz das spontane Ansprechverhalten des R 90 S-Motors an den Tag legte, stand der Antrieb dennoch ausgezeichnet im Futter. Knapp 200 km/h und damit fast exakt die Werksangabe erreichte die R 100 RS bei den Tests der Fachpresse, und bei einem Versuch der Zeitschrift *Das MOTORRAD* schwang sich eine ihres Verkleidungszierrates beraubte R 100 RS gar zu 207 km/h Höchstgeschwindigkeit auf.

Heute wie damals schätzen R 100 RS-Fahrer vor allem die hohen möglichen Reisedurchschnitte und den exzellenten Windschutz. 180, 190 km/h sind ohne Anstrengungen für längere Zeit möglich und erlauben so respektable Tagesetappen.
Wie beliebt die optional auch mit einer sportlichen Einmann-Sitzbank erhältliche R 100 RS in den darauf folgenden Jahren wurde, belegt die Tatsache, dass sie 1984 zwar eingestellt, 1986 jedoch bis 1992 nochmals in überarbeiteter Form neu aufgelegt wurde.
Allerdings verfügte das neue Modell dann über yeine geänderte Tank-Sitzbank-Kombination, besaß neu gestaltete Leichtmetallräder nebst Bremsen, und der unter den verschärften Abgasrestriktionen leidende, nun von der R 80 abgeleitete Boxer leistete gerade noch 60 PS bei 6500/min. Während von der ersten R 100 RS die stolze Zahl von 33.648 Einheiten gebaut wurden, brachte es die zudem mit einer Monolever-Einarmschwinge sowie kleineren 32er-Vergasern ausgestattete Neuauflage indes nur noch auf 6081 Exemplare.
Heute sind von den BMW aus den 70er-Jahren vor allem die R 90 S und langsam auch die R 75/5 sehr begehrt. Nach wie vor vergleichsweise für ein Nasenwasser - wir sprechen über 2000 bis 3000 Euro - gibt es bestens gepflegte R 100 RS. Interessant sind vor allem die ersten Exemplare der Jahre 1976 und 1977, die, entweder mit Drahtspeichen- oder Leichtmetall-Gussrädern, noch über die Trommelbremse am Hinterrad verfügen. Selten und damit begehrt ist die R 100 RS gerade auch in der goldenen Lackierung, wenngleich sie im verbreiteten »Silberblau« natürlich am bekanntesten ist. Wer etwas Geld übrig hat, ist mit dem Kauf einer gut erhaltenen R 100 RS jedenfalls ohne Frage gut beraten: Noch sind die Preise nicht gestiegen - anders als etwa bei einer R 90 S, für die heute, je nach Zustand mindestens 6000 Euro angelegt werden muss.

Technische Daten

Motor und Getriebe	
Bauart	4-Takt/ Boxer fahrtwindgekühlt
Zylinderzahl	2
Ventile je Brennraum	2
Bohrung in mm	94
Hub in mm	70,6
Hubraum in cm3	980
Verdichtung	9,5:1
Leistung in PS/Nenndrehzahl in 1/min	70 PS (51 kW) bei 7250/min
Gemischaufbereitung	
Bauart/Anzahl	Gleichdruck-Vergaser/2
Hersteller	Bing
Venturi-Durchmesser in mm	40
Kraftübertragung	
Getriebe/ Anzahl Gänge	Klauen/5
Primärübersetzung	2,07
1. Gang	4,40
2. Gang	2,86
3. Gang	2,07
4. Gang	1,67
5. Gang	1,50
6. Gang	-
Sekundärübersetzung	3,36
Sekundärantrieb	Kardanwelle
Elektrische Anlage	
Generatorleistung in Watt	280
Betriebsspannung in Volt	12
Zündung	Batterie-Spulen
Fahrwerk	
Rahmenbauart	Stahlrohr-Doppelschleifen-Rahmen
Radführung vorne	Telegabel
Federweg vorne in mm	200
Radführung hinten/Federbeine	Schwinge/ 2
Federweg hinten in mm	125
Radstand in mm	1465
Räder und Bremsen	
Felgengröße vorne	1.85" x 19"
Felgengröße hinten	1.85" x 18"
Bereifung vorne	3.25-19
Bereifung hinten	4.00-18
Bremse vorne/Durchmesser in mm	Doppelscheibe/260
Bremse hinten/Durchmesser in mm	Trommel/200, ab 1978 Scheibe/260
Maße und Gewichte	
Länge in mm	2210
Breite in mm	580
Höhe in mm	820
Gewicht in kg	210 (trocken)
Tankinhalt in Litern	24
Fahrleistungen	
Höchstgeschwindigkeit langliegend	200 km/h
Preis	11.210 DM (1976)
Hersteller	Bayerische Motorenwerke, München

750
SPORT

Ducati 750 Sport

BEGINN EINER ÄRA

Die 750 Sport von 1971 gilt als der entscheidende Grundstein für die nachfolgenden und überaus erfolgreichen Super Sport-Modelle mit dem Königswellen-V2. Obwohl die »Sport« noch ohne Desmodromik auskommen musste, zählt sie heute mit zu den begehrenswertesten Königswellen-Ducati überhaupt.

Die Geschichte der straßenzugelassenen Königswellen-V-Zweizylinder ist noch gar nicht so alt, ihr Beginn datiert aus dem Jahr 1970. Damals war auf den Straßen rund um Bologna ein merkwürdiges Motorrad zu beobachten, das auf den ersten Blick einer Mischung aus einer Aermacchi mit ihrem liegenden Zylinder und einer Einzylinder-Ducati mit ihrem stehenden Exemplar ähnelte. Wie die Erfahrung einiger zeitgenössischer Beobachter zeigte, verfügte das Motorrad über soviel Leistung, dass sogar einer Honda CB 750 Paroli geboten werden konnte, hinzu kam außerdem ein solch gutes Fahrwerk, dass den Honda-Straßenfahrern schon bange werden konnte.

Insgesamt vier Motorenkonzepte, die alle über den 90 Grad-Zylinderwinkel verfügten, hatte Konstrukteur Fabio Taglioni entworfen. Einen wartungsarmen und preiswert herzustellenden Stoßstangen-Motor, eine Variante mit OHC-Zylinderköpfen jeweils

Sportler mit Folgen:
Aus der 750 S ging wenig später die 750 SS mit Desmodromik als Replika der legendären Imola-Siegermaschine von Paul Smart hervor.

Rank und schlank: Wären da nicht die beiden Conti-Tüten, so könnte man die 750 S glatt für eine Einzylinder-Maschine halten.

Klassisches Cockpit.
Tachometer, Drehzahl-messer und zwei tiefsitzende Lenkerstummel – viel mehr brauchten Sportfahrer damals nicht.

einmal mit und ohne Desmodromik und - last but not least - eine scharfe Version mit drei Nockenwellen pro Zylinderkopf, die für 100 PS aus 750 cm³ Hubraum und 240 km/h Höchstgeschwindigkeit hätte gut sein sollen. Schließlich erwiesen sich die OHC-Varianten als bester Kompromiss sowohl für die Techniker als auch für die Kaufleute im Hause Ducati, und so ging der 90 Grad-V2 mit den mächtigen Königswellen auf der rechten Seite im Winter 1970/71 in Form der 750 GT in Produktion.
Die neue Ducati wartete mit zahlreichen technischen Schmankerln auf. So wurde pro Zylinder eine obenliegende Nockenwelle via Königswelle und Kegelräder angetrieben, Bohrung und Hub von 80 respektive 74,4 Millimeter errechneten sich zu 748 cm³ Hubraum. Die Kurbelwelle bestand aus zwei mächtigen Wangen, die zusammen mit den Wellenstümpfen aus je einem Teil geschmiedet waren und mit einem gemeinsamen Hubzapfen für beide Pleuel miteinander verpresst wurden. Während die Hauptlager als große Kugellager ausgeführt waren, liefen die Pleuelfüße in Nadellagern. Während jedoch der Prototyp noch eine gerade Verzahnung für Primär- und Kegelräder besaß, rüstete man die Serienmaschine mit spiralverzahnten Kegel- und schrägverzahnten Primärrädern aus, was insbesondere einer Reduzierung des Laufgeräusches zu Gute kam. Auf 8,5:1 verdichtet, leistete die 750 GT schließlich 60 PS an der Kurbelwelle.
War die GT als sportliches und gleichermaßen tou-

Conti und Borrani:
Charakteristisch für die Ducati der frühen 70er waren die Conti-Tüten sowie die Borrani-Hochschulterfelgen aus Leichtmetall.

Offenes Geheimnis:
Die 32er-Dell'Orto-Vergaser sind mit Ansaugtrichtern und Flammsieben versehen.

Technische Daten

Motor und Getriebe	
Bauart	4-Takt/V fahrtwindgekühlt
Zylinderzahl	2
Ventile je Brennraum	2
Bohrung in mm	80
Hub in mm	74,4
Hubraum in cm3	748
Verdichtung	8,5:1
Leistung in PS/Nenndrehzahl in 1/min	64 PS (47 kW) bei 7800/min
Gemischaufbereitung	
Bauart/Anzahl	Rundschieber-Vergaser/ 2
Hersteller	Dell'Orto
Venturi-Durchmesser in mm	32
Kraftübertragung	
Getriebe/ Anzahl Gänge	Klauen/ 5
Primärübersetzung	2,19
1. Gang	2,24
2. Gang	1,56
3. Gang	1,20
4. Gang	1,00
5. Gang	0,89
6. Gang	-
Sekundärübersetzung	2,50
Sekundärantrieb	Rollenkette
Elektrische Anlage	
Generatorleistung in Watt	150
Betriebsspannung in Volt	12
Zündung	Batterie-Spulen
Fahrwerk	
Rahmenbauart	Unten offener Stahlrohr-Doppelschleifen-Rahmen
Radführung vorne	Telegabel
Federweg vorne in mm	130
Radführung hinten/Federbeine	Schwinge/ 2
Federweg hinten in mm	90
Radstand in mm	1510
Räder und Bremsen	
Felgengröße vorne	2.15" x 18"
Felgengröße hinten	2.15" x 18"
Bereifung vorne	3.25 H 18
Bereifung hinten	3.50 H 18
Bremse vorne/Durchmesser in mm	Einzelscheibe/280
Bremse hinten/Durchmesser in mm	Trommel/200
Maße und Gewichte	
Länge in mm	2180
Breite in mm	710
Höhe in mm	1105
Gewicht in kg	203 (trocken)
Tankinhalt in Litern	17
Fahrleistungen	
Höchstgeschwindigkeit langliegend	190 km/h
Preis	8000 DM (1972)

rentaugliches Modell auch für den Zweipersonenbetrieb gedacht, sannen die Markt-Strategen bei Ducati aber noch nach einem sportlicheren Modell. Immerhin durfte ja der Rahmen eine rennsportiche Herkunft für sich in Anspruch nehmen. Der unten offene Stahlrohrrahmen, der den V2 als tragendes Element integrierte, war im Grunde ein weiterentwickeltes Seeley-Chassis, das der englische Fahrwerks-Papst Colin Seeley ursprünglich für die 500er-Renn-Ducati und ihren V2 geschaffen hatte.
So entstand bereits für 1972 das Modell 750 Sport, bei dem man das Fahrwerk ohne Änderungen von der 750 GT übernahm. Allerdings garnierten die Ducati-Techniker das Motorrad mit sportlicher Staffage, wie zum Beispiel einem Stummellenker, einer Einmann-Höckersitzbank und zurückgelegten Fußrasten. Überdies sorgten eine auf 9,0:1 angehobene Verdichtung und neue 32er-Dell'Orto-Vergaser mit Beschleunigerpumpe und offenen Ansaugtrichtern schließlich für 64 PS bei 7800/min. Der so modifizierte V2 war nun für eine Höchstgeschwindigkeit von 205 km/h gut, zumindest auf dem Papier. Wie spätere Messungen jedoch ergaben, liefen nur wenige Exemplare schneller als 190 km/h. Dennoch: Mit der 750 S hatte Ducati der sportlich orientierten Klientel etwas Feines zu bieten, wenngleich der Durchbruch für dieses Motorrad noch ein klein wenig auf sich warten lassen sollte.
Erst mit dem historischen Sieg von Paul Smart im April desselben Jahres in Imola steuerte die 750 S und damit auch Ducati in den Aufwind. Die Resonanz der Käuferschaft war gar so stark, dass sich die Rennabteilung entschloss, zunächst 25 zulassungsfähige Repliken der Rennmaschine von Paul Smart herzustellen und unters fahrende Volk zu bringen. Für den Renneinsatz hatte die 750 S seinerzeit die desmodromische Ventilsteuerung und eine umfangreiche Motoren-Überarbeitung erhalten. 1973 schließlich lief diese Kleinserie, die später auf 200

Noch ohne Desmodromik: Der mit Ventilfedern bestückte V2 leistete 64 PS bei 7800/min und sorgte für sportliche Fahrleistungen.

Einheiten ausgeweitet wurde, in Form der 750 Super Sport von den Montagebühnen der Ducati-Rennabteilung.
Zweifellos war der als »Roundcase« berühmt gewordenen 750 Super Sport, von der ebenfalls ein Kapitel in diesem Buch handelt, weitaus mehr Ruhm und Erfolg als der 750 Sport beschert. Doch die einfachere und ohne Desmodromik ausgerüstete 750 S gilt als ihre unmittelbare Vorgängerin - leicht zu identifizieren an ihrer gelb-schwarzen Lackierung. Dieses hier gezeigte Exemplar stammt aus der Sammlung von Richard Schlotz und wurde in den 90er-Jahren im Rahmen einer aufwändigen Restaurierung praktisch in den Neuzustand versetzt.

Einzelfall: Im Gegensatz zur späteren 750 SS verfügte die 750 S nur über eine einfache Scheibenbremse am Vorderrad.

Ducati 750 SS

CONCERTO GROSSO

DUCATI

Vor rund 25 Jahren schmetterte die Ducati 750 Super Sport unverholen aus ihren Conti-Tüten, aber heute wie damals zieht die Fans nicht nur ihre gewaltige Klangkulisse in ihren Bann.

Wenn ihr ein Motorrad wollt, das nicht nur klasse aussieht, gut fährt und Leistung hat, sondern auch noch bis ins Detail funktionell gestaltet ist, kommt ihr an der Ducati 750 SS »Roundcase« am Ende sowieso nicht vorbei«, lautete die Lobeshymne auf die Supersport-Maschine von Ducati anno 1974. Gemeint war die 750 SS, die ihren Beinamen den

Traum auf Rädern:
Die Ducati 750 SS zählt zweifellos zu den schönsten und auch leistungsfähigsten Motorrädern aus den 70er Jahren. Perfekte Exemplare wie dieses sind heute – wenn überhaupt – nur für stattliche Summen zu haben.

In ihrem Element: Kurvenreiche Landstrassen sind die Domäne der Ducati, denn hier spielt sie ihre Fahrwerksqualitäten voll aus.

wunderschönen runden Motorgehäusedeckeln zu verdanken hatte. Ducati ließ sich seine 750 SS immerhin mit stolzen 1,8 Millionen in italienischer Währung honorieren, und aus diesem Grunde und sicherlich auch wegen mancher Befürchtungen hinsichtlich der Zuverlässigkeit fuhren viele Motorradfahrer dann eben doch lieber Honda CB 750 oder Kawasaki Z1, was ja auch zumindest die Gier nach schierer Motorleistung leidlich befriedigte.

Gleichwohl die Reihenvierzylinder aus Fernost leistungsmäßig das Maß der Dinge darstellten, war aber weder im Topspeedbereich noch auf der Landstraße Land gegen den supersportlichen italienischen Zweizylinder von Ducati zu sehen. Mit 75 PS bei 7500/min Leistung angegeben, rannte die Ducati 750 SS bei Tests mit sagenhaften 217 durch die Lichtschranke. Schon möglich, dass gerade das für die Presse bereitgestellte Ducati-Exemplar sei-

Spartanisch:
Das Cockpit der Ducati 750 SS beschränkt sich auf die wesentlichen Informationsquellen und wenige Kontroll-Lämpchen.

Namens-Findung:
Die runden Leichtmetalldeckel des Motorgehäuses brachten der Ducati 750 SS den stilgerechten Beinamen »roundcase«, also »Rundgehäuse« ein.

nerzeit »besonders sorgfältig präpariert« war, doch sei`s drum: Schnell war die Zweizylinder-Maschine allemal. Weitaus weniger Gewicht – die Ducati brachte laut Angaben trocken 180 Kilogramm auf die Waage – sorgte überdies für Handlingvorteile in den Kurvenlabyrinthen der Landstraßen gegenüber den dicken japanischen Vierzylinder, und obendrein setzte der italienische Twin aus Bologna seinerzeit mit seinem steifen und spurstabilen Fahrwerk auch im Topspeed-Bereich die Richtmarke. Kein Wunder also, verliebten sich zahlreiche Motorrad-Fans in die schnelle schlanke Schönheit aus Bologna.

Im warmen, morgendlichen Sonnenlicht erstrahlt die Ducati 750 SS von Richard Schlotz aus Hohengehren bei den Fotofahrten zu diesem Buch in ihrem vollen Glanz. »Viel zu schade zum Fahren«, kommentiert ein eben vorbeikommender Passant kurz und knapp, jedoch nicht falsch den 1a-Zustand der Bologneserin. Geschätzte tausend Stunden verbrachte der Diplom-Ingenieur, »im richtigen Leben« bei DaimlerChrysler in der Entwicklungsab-

Bella Italia:
Wer an italienische Sportmotorräder der 70er Jahre denkt, erwähnt neben der Ducati 750 SS in einem Atemzug auch die MV Agusta 750 S und die Laverda 750 SFC (v.r.n.l.).

teilung für die S-Klasse tätig, mit der Restaurierung der berühmten V2-Maschine, bei der die Nockenwellen von je einer Königswelle angetrieben und die beiden Ventile pro Brennraum desmodromisch, also über Öffnungs- und Schließhebel zwangsbetätigt werden. Konstrukteur Fabio Taglioni gelang damit zweifellos ein ganz großer Wurf, sowohl für die Straße als auch für den Rennsport, der sich im Falle der Desmodromik und des 90 Grad-V2-Konzeptes sogar bis heute gehalten hat. Auch die Ventile der aktuellen Ducati-Werksmaschinen werden über die geniale Hebel-Mimik betätigt, und mit der aktuellen 996 errang der Engländer Carl Fogarty 1999 seine vierte Superbike-Weltmeisterschaft. 1972, beim 200 Meilen-Rennen im italienischen Imola, schlug dagegen die große Stunde der Königswellen-Ducati. Der Engländer Paul Smart siegte vor seinem Markengefährten Bruno Spaggiari, und damit verwiesen beide die arrivierten Triumph-Dreizylinder, Werks-Norton und sogar eine Honda 750 in ihre Schranken. Der Beleg für die Qualitäten der Taglioni-Konstruktion war erbracht, die Tiffosi waren begeistert. Und Ducati nahm den glorreichen Sieg postwendend zum Anlass, der euphorisierten Kundschaft sogar einen käuflichen und straßenzugelassenen Ableger der legendären Rennmaschine anzubieten. Die Ducati 750 Super Sport, kurz 750 SS, war geboren, und im Vergleich zur Rennmaschine zollte der Serienableger der Straßenzulassung nur in Details wie etwa einer Beleuchtungsanlage, schräg anstatt gerade verzahnter und damit geräuschärmer laufender Stirnräder für die Königswellen sowie einer unten verlegten Auspuffanlage (die Conti-Tüten!) Tribut. Unschwer also zu verstehen, dass die 750 SS heute mehr denn je ein gesuchtes Liebhaberstück ist.

Power-Vau:
75 PS Leistung realisierte der Königswellen-V2 mit desmodromischer Ventilsteuerung und machte die Ducati seinerzeit weit über 210 km/h schnell.

Der Restaurator und sein Baby: Richard Schlotz renovierte die »Duc« komplett, und heute genießt er sie, wann immer es Zeit und Wetter erlauben.

Technische Daten

Motor	
Bauart	4-Takt/90 Grad-V
Zylinderzahl	2
Ventile je Brennraum	2
Ventiltrieb	OHC
Bohrung in mm	80
Hub in mm	74,4
Hubraum in cm^3	748
Verdichtung	10:1
Leistung in PS/Nenndrehzahl in 1/min	73/8000
Gemischaufbereitung	
Bauart/Anzahl	Rundschieber-Vergaser/2
Hersteller	Dell'Orto
Venturi-Durchmesser in mm	40
Kraftübertragung	
Getriebe/Anzahl Gänge	Klauen/5
Primärübersetzung	2,19
1. Gang	2,24
2. Gang	1,56
3. Gang	1,20
4. Gang	1,00
5. Gang	0,89
Sekundärübersetzung	2,50
Sekundärantrieb	Rollenkette
Elektrische Anlage	
Generatorleistung in Watt	150
Betriebsspannung in Volt	12
Zündung	Batterie-Spulen-Zündung
Fahrwerk	
Rahmenbauart	Rückgratrohrrahmen aus Stahl mit Motor als tragendem Element
Radführung vorne	Marzocchi-Telegabel
Federweg vorne in mm	130
Radführung hinten/Federbeine	Schwinge/2 Ceriani
Federweg hinten in mm	90
Radstand in mm	1510
Räder und Bremsen	
Felgengröße vorne	2.15" x 18"
Felgengröße hinten	2.15" x 18"
Bereifung vorne	3.50-18
Bereifung hinten	3.50-18
Bremse vorne/Durchmesser in mm	Doppelscheibe/280
Bremse hinten/Durchmesser in mm	Einzelscheibe/230
Maße und Gewichte	
Länge in mm	2180
Breite in mm	710
Höhe in mm	1210
Sitzhöhe in mm	745
Gewicht in kg	180 (trocken)
Tankinhalt in Litern	19
Fahrleistungen	
Höchstgeschwindigkeit langliegend in km/h	217 (Messung)
Preis	1.800.000 Lire (1974)
Hersteller	Ducati Meccanica, Bologna, Via Ducati, 3, Italien

Ducati 450 Scrambler

TAGLIONIS LIEBLING

Ducati
DUCATI
BRIDGESTONE

Die in den Italien und den USA besonders beliebte Scrambler mit ihrem kernigen Einzylinder-Motor war eines der Motorräder, die Konstrukteur Fabi Taglioni ganz besonders mochte.

Hinweise, dass Ducati Ende der 60er Jahre einen 450er-Einzylindermotor in Serie bringen würde, lieferte der Rennsport. Bruno Spaggiari pilotierte eine Rennmaschine mit eben diesem Hubraum, und so vermutete die Szene hier ein sicheres Indiz für einen späteren Serienableger. In der Tat sollten die Propheten denn auch recht behalten, denn Ende 1968 wurde eine 450er-Serienmaschine anlässlich

Aus einem Guss:
Die Linienführung der Scrambler ist von graziler Leichtigkeit. Und genau so fährt sie sich auch.

Leicht-Gedicht: Aus dieser Perspektive wird deutlich, wie schlank und schmal die 140 Kilogramm leichte Scrambler ist.

Kräftiger Eintopf:
Der 450er-Einzylinder leistet 27 PS bei 7000/min und sorgt damit für gute Fahrleistungen.

einer in Bologna angesetzten Besprechung mit US-Händlern präsentiert.
Wie schon bei anderen Motor-Varianten im Hause Ducati handelte es sich auch bei der vorgestellten 450er um ein aufgebohrtes Triebwerk, bei dem die Konstrukteure die 75 Millimeter Hub des existierenden 350er-Singles beibehalten hatten und lediglich die Zylinderbohrung auf 86 Millimeter vergrößerten. Beides errechnete sich schließlich zu 436 cm^3 Hubvolumen. Eine weitere Vergrößerung des Hubraums wurde alleine schon aus technischer Sicht ad acta gelegt, denn weder der Kurbelwellenhub noch die Zylinderbohrung gaben noch Spielraum für weitergehende Entwicklungsmaßnahmen her. Einen weiteren Grund, es bei den 436 cm^3 zu belassen, lieferten zudem die Marketing-Spezialisten von Ducati. Sie sahen im 450er-Antrieb vor allem auch eine vorzügliche Möglichkeit, den US-Markt in dieser dort sehr populären Klasse zu bedienen.
So war der 450er-Motor denn zunächst auch gar nicht für ein reinrassiges Straßenmotorrad, sondern für ein Scrambler-Modell bestimmt. Scrambler-Modelle bei Ducati - das hatte Tradition. Und war zumindest in Italien und eben den USA auch höchst erfolgreich. So nahm es denn auch nicht Wunder, dass die 450 Scrambler binnen kurzer Zeit zum erfolgreichsten Ducati-Modell des gesamten Programms in den Jahren 1970 und 1971 wurde.
In den USA konkurrierte die 450 Scrambler etwa mit der BSA Victor, die 441 Kubikzentimeter Hubraum besaß, oder auch Modellen von Triumph.
Fraglos waren die Scrambler-Modelle von Ducati - und das gilt insbesondere für die 450er - ihrer Zeit weit voraus. Sie waren keine Straßenmaschinen, aber auch keine Geländemotorräder. Die Kunden sahen sie als Kombination aus beidem, und so nahmen die Ducati Scrambler praktisch die wenige Jahre später aus Japan herüberschwappende Enduro-Welle vorweg. Nachgerade mutet es deshalb fast schon als fahrlässig an, dass Ducati die

Hebel-Gesetz:
Neben Gas und Bremse findet sich am rechten Lenkerende auch der Hebel für den Choke.

Filigran:
Hinten wie vorne kümmert sich eine kleine, 140 Millimeter durchmessende Trommelbremse um Verzögerung.

Entwicklung und Produktion der Einzylinder-Maschinen nicht weiter voran trieb. Dies nicht zuletzt auch aus wirtschaftlichen Erwägungen heraus, denn die Scrambler-Reihe sicherte dem wirtschaftlich ohnedies gebeutelten Ducati-Werk in dieser Zeit zu einem großen Teil den Fortbestand.
Heute ist die 27 PS starke und 135 km/h schnelle 450er Scrambler ein gesuchtes Stück. Freilich alleine schon deshalb, weil es sich mittlerweile um einen anerkannten Oldtimer handelt, aber auch, weil die Ducati mit ihrem fein gezeichneten Königswellen-Einzylinder nicht nur wunderbar anzuschauen, sondern auch zu fahren ist.
Gerade mal 140 Kilogramm Leergewicht bescheren ein geradezu leichtfüßiges Handling, und der aufwändig gefertigte Single liefert nicht nur munteren Vortrieb, sondern auch eine erbauliche Klang-Kulisse dazu.
Dies begeisterte letztlich auch Richard Schlotz, der neben der in diesem Buch ebenfalls gezeigten Ducati 750 Sport und 750 Super Sport auch zwei 450er Scrambler besitzt. Scrambler Nummer eins wurde im Laufe der Zeit aufwändig restauriert, Scrambler Nummer zwei wartet noch darauf und

Kerniger Sound:
Dem schlanken Endschalldämpfer entweicht ein unnachahmlicher Einzylinder-Klang.

Erleichterung:
Ein großer Dekompressionshebel erleichtert die Startprozedur des Einzylinders.

ist - sozusagen im »Originalzustand« - auf diesen Seiten gezeigt.
Last but not least sei erwähnt, dass es von der 450er, wie übrigens von den anderen Hubraumvarianten auch, reinrassige Straßenmaschinen gab. Doch gerade der 450er war in diesem Fall kein besonders großer Erfolg beschieden, obwohl sie mit gut 160 km/h Höchstgeschwindigkeit keinesfalls langsam oder gar unsportlich geraten war. Jedoch vereitelte in vielen Ländern ein erhöhter Luxus- beziehungsweise Mehrwertsteuersatz größere Verkäufe, und die Kundschaft beklagte obendrein den kräftigen Durst des Singles. Obendrein hatte die Klientel zudem das Gefühl, eben keine echte 500er zu fahren, obgleich die Maschine es locker mit 500ern hatte aufnehmen können. Jener Mangel an Prestige war es, der die Popularität ganz auf die 250er und 350er-Modelle lenkte und rasch zur Einstellung führte: »Wenn 450er - dann Scrambler.«

Technische Daten

Motor und Getriebe	
Bauart	4-Takt/Einzylinder fahrtwindgekühlt
Zylinderzahl	1
Ventile je Brennraum	2
Bohrung in mm	86
Hub in mm	75
Hubraum in cm3	436
Verdichtung	9,3:1
Leistung in PS/Nenndrehzahl in 1/min	27 PS (20 kW) bei 7000/min
Gemischaufbereitung	
Bauart/Anzahl	Rundschieber-Vergaser/1
Hersteller	Dell'Orto
Venturi-Durchmesser in mm	29
Kraftübertragung	
Getriebe/ Anzahl Gänge	Klauen/ 5
Primärübersetzung	k.A.
1. Gang	k.A.
2. Gang	k.A.
3. Gang	k.A.
4. Gang	k.A.
5. Gang	k.A.
6. Gang	-
Sekundärübersetzung	k.A.
Sekundärantrieb	Rollenkette
Elektrische Anlage	
Generatorleistung in Watt	150
Betriebsspannung in Volt	12
Zündung	Batterie-Spulen
Fahrwerk	
Rahmenbauart	Unten offener Stahlrohr-Einschleifen-Rahmen
Radführung vorne	Telegabel
Federweg vorne in mm	120
Radführung hinten/Federbeine	Schwinge/ 2
Federweg hinten in mm	70
Radstand in mm	k.A.
Räder und Bremsen	
Felgengröße vorne	2.15" x 18"
Felgengröße hinten	2.15" x 18"
Bereifung vorne	3.50-19
Bereifung hinten	4.00-18
Bremse vorne/Durchmesser in mm	Trommel/140
Bremse hinten/Durchmesser in mm	Trommel/140
Maße und Gewichte	
Länge in mm	k.A.
Breite in mm	k.A.
Höhe in mm	k.A.
Gewicht in kg	150 (trocken)
Tankinhalt in Litern	11,4
Fahrleistungen	
Höchstgeschwindigkeit langliegend	145 km/h
Preis	3499 DM (1972)

HONDA
HONDA

Honda CB 750 K1

FOUR-MARSCH

Mit der CB 750 läutete der japanische Motorrad-Gigant Honda 1969 eine neue Epoche im Motorradbau ein. Heute gilt die 750er Honda als Vorreiter für Generationen von Vierzylinder-Maschinen.

Einer der Tests von »Klacks« Ernst Leverkus, auf die die Motorradfans wohl am meisten gewartet hatten, war zweifellos derjenige über die Honda CB 750 K0 von 1969. 736 Kubikzentimeter Hubraum, verteilt auf vier Zylinder und annähernd 200 km/h Höchstgeschwindigkeit zum Preis von circa 6500 Mark – das stellte zweifellos einen Meilenstein in der Motorradgeschichte dar, der Appetit machte.
Das Herzstück, nämlich der Motor der Honda CB 750, leistete 67 PS bei 8000 Umdrehungen pro Minute und sollte später in seinen Grundfesten noch für zahlreiche weiterentwickelte CB 750-Modelle gut sein. Bis zum Jahr 1978 folgten etliche modellgepflegte Varianten, und die 67 beziehungsweise 73 PS starke CB 750 K7 beziehungsweise CB 750 F2

CB 750, die Zweite:
Mit der CB 750 K1 setzte Honda die neue Ära im Motorradbau fort.
Vier Zylinder, 67 PS und fast 200 km/h Höchstgeschwindigkeit waren seinerzeit wahre Superlative.

markierten schließlich den Schlusspunkt dieser grandiosen Entwicklung.
Zehn Jahre diente der 750er-Vierzylinder also als Basis für allesamt populäre Maschinen, und gleichsam läutete er als erste japanische Großserienmaschine mit Vierzylinder-Triebwerk eine völlig neue Ära im Motorradbau ein. Kawasaki, Suzuki, Yamaha – alle folgten sie Jahre später dem Vorbild von Honda und brachten eigene Konstruktionen auf den Markt, die sich aber allesamt an der CB 750 orientierten und sich schließlich auch an ihr zu messen hatten.
Was Jahre später aus der Motorradwelt nicht mehr wegzudenken war, sorgte 1969 freilich für eine Woge der Begeisterung. Schnell war die Honda und zudem beschleunigte sie gewaltig, ohne jedoch fahrwerksseitig völlig hinterherzuhinken. Mit sauber abgestimmten Federelementen, einer Teleskopgabel vorne sowie zwei Federbeinen hinten, vermochte sie auch auf welliger Fahrbahn die Speichenräder sicher am Boden zu halten. Lediglich der geringe Federweg hinten gab in Punkto Komfort etwas Anlass zur Kritik. Den 67 PS weitgehend gewachsen zeigte sich auch der kräftig dimensionierte Doppelschleifen-Rohrrahmen aus Stahl.
Was seinerzeit als grosses, mächtiges Motorrad empfunden wurde, wirkt heute, im Zeitalter vollverkleideter Supersportler, hingegen eher als sehr kleines, zierliches Motorrad. Ein kurzer, schmaler Tank und die ebenfalls schmale Zylinderbank lassen die 750er fast schon filigran wirken.
Der Fahreindruck vermittelt hingegen ein zwiespältiges Erlebnis. Mit sanftem Nachdruck und weitgehend vibrationsarm dreht der Vierzylinder schon knapp oberhalb der Standgasdrehzahl hoch, ohne jedoch bis zum Erreichen des roten Bereiches auf dem Drehzahlmesser besonders deftigen Schub zu erzeugen. Seine Stärke liegt zweifellos in der sauberen Abstimmung, die ein sensibles Dosieren der Leistung erlaubt, sowie in den hervorragenden

Guter Bekannter:
Der OHC-Vierzylinder schuf sich nicht nur durch seine ausgeglichene Leistungscharakteristik, sondern auch durch seine Zuverlässigkeit viele Freunde. Laufleistungen von 100.000 Kilometern und mehr waren keine Seltenheit.

Bekanntes Uhrwerk:
Die CB 750-Instrumente fanden in dieser Form noch Jahre später bei vielen anderen Honda-Modellen Verwendung. Der Tachometer zeigte in der Regel recht optimistisch an.

Sauber restauriert:
Auch diese Maschine stammt aus der Privat-Sammlung von Roland Eckert und präsentiert sich technisch wie optisch in absolut makellosem Zustand.

Durchzugsqualitäten, die auch schaltfaules Fahren im großen Gang erlaubt.
Für sportliche Umtriebe will der Vierzylinder freilich schon im Bereich zwischen 5000 und 8500/min bewegt werden, soll es schnell vorangehen. Dabei schränkt die in Kurven aufsetzende Vier-in-Vier-Auspuffanlage allzu flottes Treiben allerdings ein. Noch früher begrenzen im Zwei-Personen-Betrieb die weit aussen an den Endschalldämpfern angebrachten Sozius-Fußrasten die mögliche Schräglage.
Was seinerzeit – wie die Bremsanlage – als Steige-

Asymmetrisch: Auf der linken Seite (im Bild rechts) baut der OHC-Vierzylinder ausnehmend breit, bedingt durch die weit ausladende Lichtmaschine.

Technische Daten

Motor	
Bauart	4-Takt/Reihe
Zylinderzahl	4
Ventile je Brennraum	2
Ventiltrieb	OHC
Bohrung in mm	61
Hub in mm	63
Hubraum in cm^3	736
Verdichtung	9,0:1
Leistung in PS/Nenndrehzahl in 1/min	67/8000
Gemischaufbereitung	
Bauart/Anzahl	Rundschieber-Vergaser/4
Hersteller	Keihin
Venturi-Durchmesser in mm	28
Kraftübertragung	
Getriebe/Anzahl Gänge	Klauen/5
Gesamtübersetzungen	
1. Gang	14,0
2. Gang	9,75
3. Gang	7,47
4. Gang	6,25
5. Gang	5,26
Sekundärantrieb	Rollenkette
Elektrische Anlage	
Generatorleistung in Watt	210
Betriebsspannung in Volt	12
Zündung	Batterie-Spulen-Zündung
Fahrwerk	
Rahmenbauart	Doppelschleifen-Rohrrahmen aus Stahl
Radführung vorne	Telegabel
Federweg vorne in mm	143
Radführung hinten/Federbeine	Schwinge/2
Federweg hinten in mm	85
Radstand in mm	1455
Räder und Bremsen	
Felgengröße vorne	1.85" x 19"
Felgengröße hinten	2.15" x 18"
Bereifung vorne	3.25-19
Bereifung hinten	4.00-18
Bremse vorne/Durchmesser in mm	Einzelscheibe/260
Bremse hinten/Durchmesser in mm	Trommel/180
Maße und Gewichte	
Länge in mm	2160
Breite in mm	885
Höhe in mm	1155
Sitzhöhe in mm	795
Gewicht in kg	218 (vollgetankt)
Tankinhalt in Litern	19
Fahrleistungen	
Höchstgeschwindigkeit langliegend in km/h	197 (Messung)
Preis	6.500.- Mark (1969)
Hersteller	Honda Motor Co.; Ltd.; Nr. 55-Chome Yaesu, Chuo-Ku, Tokyo, Japan

Tonangebend:
Die Schalldämpfer der Vier-in-Vier-Anlage entlassen einen überaus sonoren Klang ins Freie. Die Montage der Sozius-Fußrasten steht großen Schräglagen im Wege.

rung gegenüber dem bisherigen Standard empfunden wurde, kann in unseren Tagen freilich kaum mehr befriedigen. Besonders die vordere Einzelscheibenbremse vermag der gebotenen Fahrdynamik nur bei vorausschauender Fahrweise adäquat Einhalt zu gebieten, und deshalb erscheint es auch nur einleuchtend, dass Honda selbst den Kunden für die CB 750 eine zweite Scheibenbremse zur Nachrüstung anbot.

Wenngleich Schwachpunkte wie dieser auch die Freude mit der CB 750 minimal trübten, so begeisterte die Vierzylindermaschine aber vor allem mit einem: Zuverlässigkeit. 100.000 Kilometer und mehr spulte so mancher CB 750-Fahrer ab, ohne in dieser Zeit irgendwelche außerplanmäßigen Reparaturen vornehmen zu müssen. Auch den Autor dieses Buches zog die CB 750 in ihren Bann – sie war sein erstes »richtiges« Motorrad, und im Verlauf der

Jahre nahm er zahlreiche Kilometer auf einer CB 750 K2 sowie einer CB 750 F2 unter die Räder. Schmuckstück seiner privaten Sammlung ist eine Honda CB 750 des Baujahres 1971 in sportlichem Trimm – für forsche Rennstreckenfahrten von keinem Geringeren als Roland Eckert präpariert. Das zeigt, dass die CB 750 auch über Sporttalente verfügte, die nur hervorgelockt zu werden brauchten. Schon kurz nach ihrem Erscheinen machten sich deshalb nicht nur findige Spezialisten ans Tuning der CB 750, sondern sogar das Werk selbst. Mit einem Production Racer namens CR 750 startete Honda gar beim 200 Meilen-Rennen in Daytona – und gewann. In der Folge diente das 750er Triebwerk außerdem als vortreffliche Basis für mehr als 100 PS starke Langstrecken-Rennmaschinen, die zahlreiche Sport-Erfolge einfuhren, und 1976 diente der Vierzylinder gar als technische Grundlage für die Honda-Werksmaschine RCB, mit der der japanische Gigant nach jahrelanger Abstinenz wieder werksseitig in die Arenen des Motorradrennsports zurückkehrte. Doch das ist eine eigene Geschichte.

Wie früher:
Ausgedehnte Touren mit der CB 750 haben stets etwas Besonderes. Kräftig aber gleichmütig schiebt der Vierzylinder, doch die Bremsen erfordern eine vorausschauende Fahrweise.

HONDA
450
DOHC

Honda CL 450 K3 Scrambler

AMERICAN GRAFFITI

Drei Jahre nachdem die CB 450 als »Black Bomber« auf den Markt gebracht wurde und in der Halbliterklasse praktisch eine neue Rangordnung hergestellt hatte, brachte Honda 1968 mit der CL 450 ein so genanntes »Scrambler«-Modell für den amerikanischen Markt. In Deutschland so gut wie gar nicht angeboten, sind die CL 450-Modelle längst schon gesuchte Raritäten. Bei flotter Landstraßenfahrt beschäftigten wir uns mit einer CL 450 K3 aus dem Jahre 1970.

Der August des Jahres 1965 dürfte als ein besonders guter Monat in die Honda-Analen eingegangen sein, denn mit dem »Black Bomber«, der ganz in schwarz lackierten Honda CB 450 gelang dem japanischen Giganten ein großer Wurf. Zwei Zylinder und 45 PS

Schmucke Erscheinung: Die 450er Scrambler ist für's Auge ein wahrer Genuss. Allein in die Auspuffanlage könnte man sich verlieben.

Schräg', lass' nach:
Mit der CL 450 lassen sich, wie man hier sieht,
sogar überaus sportliche Umtriebe pflegen.

waren ein gewichtiges Wort, um der 500er-Konkurrenz nicht nur Paroli zu bieten, sondern das Fürchten zu lehren.
Dennoch: Die Farbe Schwarz und das eher biedernostalgische Kleid wurden 1968 überarbeitet, knallige Farbtöne wie Candy-rot und Candy-blau kamen hinzu und halfen, den Absatz vor allem auf dem großen amerikanischen Markt zu steigern. Zudem erhielt die CB 450 K1 nun ein Fünfganggetriebe.
In Amerika wurde schließlich auch der Ruf nach einer Art geländegängigen Version der CB 450 laut.

Der gute Ton:
Dem linksseitig angebrachten Doppel-Schalldämpfer entwicht ein Honda-typischer Zweizylinder-Sound.

Aufrecht und bequem:
Auch bei sportlicher Gangart ist man auf der CL 450 sehr kommod untergebracht. Der breite Lenker ist genau recht für kurvenreiche Landstraßen.

Verzögerungs-Taktik: Die 200er-Duplex-Bremse am Vorderrad hat mit den 43 PS der Scrambler ihre liebe Mühe, ist aber wunderschön anzuschauen.

Nach wie vor straßentauglich sollte sie schon, doch für einen Abstecher ins Gelände eben genau so tauglich sein. Und so kam es, dass noch drei Monate vor dem Erscheinen der CB 450 K1 die CL 450 Scrambler auf den Markt kam.

Mit einem hohen, breiten Lenker, der den Umgang mit den 182 Kilogramm Leergewicht abseits der Straßen erleichtern sollte sowie mit einer hoch gezogenen Auspuffanlage, die Geländeeinlagen nicht störend im Wege war. Ein kurzer, kleiner Kraftstofftank mit zwölf Litern Inhalt ersetzte zudem das vormals 16 Liter fassende Exemplar der Straßen-'version. Ansonsten glich die Scrambler ganz dem Straßenmodell; selbst Rahmen und Telegabel blieben für die Scrambler unangetastet. Lediglich ein 19 Zoll-Vorderrad sollte gegenüber dem 18 Zoll-Pendant für verbesserte Geländetauglichkeit sorgen, und achtern mühten sich verstärkte Federbeine um sichere Bodenhaftung. Wohl ein Tribut an

Kerniger Twin:
Zwei obenliegende Nockenwellen ermöglichen 43 PS und Drehzahlen bis 10000/min. Allemal genug, um auf der Landstraße auch heute noch sehr flott unterwegs zu sein.

Aus einem Guss: Der kleine Tank, der breite Lenker und der wunderschön gezeichnete DOHC-Motor verhelfen der CL 450 zu einer besonderen Harmonie.

den amerikanischen Geschmack stellten vorne wie hinten zudem die knapper bemessenen Schutzbleche dar.
Während die Straßenversion CB 450 nominell 45 PS leistete, wiesen die Papiere für die CL 450 nur mehr 43 PS aus. Doch zwei PS hin oder her - die Scrambler wurde auf Anhieb ein Verkaufshit - zumindest in Übersee.
Hier zu Lande dagegen wurde sie offiziell praktisch gar nicht angeboten, und nur wenige, insgesamt von 1968 bis 1974 rund 75 Exemplare aller Baureihen von K1 bis K6 zusammengerechnet, wurden verkauft.
Beim hier abgebildeten Exemplar handelt es sich um eine CL 450 K3 aus der Sammlung von Ulrich Kolb in sogenanntem Candy Topaz Orange, wie die Farbe damals hieß.
Kolb, der die in diesem Buch abgebildete Laverda 750 SFC sowie eine Ducati 750 Super Sport besitzt, weiß den »Japaner« in seiner Garage durchaus zu schätzen. Obgleich er die CL 450 eigentlich nur für den Schönleiten Berg-Cup, ein Bergrennen auf einer Naturpiste in Österreich, angeschafft hat, überkommt ihn doch nun mehr und mehr auch in der schwäbischen Heimat die Lust am Fernost-Zweizylinder.
Das extrem handliche Fahrwerk und der sowohl durchzugsstarke wie drehfreudige und im oberen Drehzahlbereich bissige Motor haben auch ihn in den Bann gezogen. Vereint mit großer Schräglagenfreiheit lassen sich mit der Scrambler gerade auf kurvenreichem Terrain deftige Umtriebe pflegen. Nicht zuletzt deshalb sind sämtliche CL 450 Scrambler heute in Europa extrem begehrt, und wer eine besitzt, hat viele gute Gründe, sie zu hegen und zu pflegen. Der monetäre Wert spielt dabei die eine Rolle - der Spaß die andere. Und genau den hat man mit diesem Motorrad.

Technische Daten

Motor und Getriebe	
Bauart	4-Takt/ Reihe fahrtwindgekühlt
Zylinderzahl	2
Ventile je Brennraum	2
Bohrung in mm	70
Hub in mm	57,8
Hubraum in cm3	444
Verdichtung	9,0:1
Leistung in PS/Nenndrehzahl in 1/min	43 PS (32 kW) bei 8000/min
Gemischaufbereitung	
Bauart/Anzahl	Gleichdruck-Vergaser/2
Hersteller	Keihin
Venturi-Durchmesser in mm	32
Kraftübertragung	
Getriebe/ Anzahl Gänge	Klauen/5
Primärübersetzung	
1. Gang	2,41
2. Gang	1,64
3. Gang	1,27
4. Gang	1,00
5. Gang	0,84
6. Gang	-
Sekundärübersetzung	
Sekundärantrieb	
Rollenkette	
Elektrische Anlage	
Generatorleistung in Watt	k.A.
Betriebsspannung in Volt	12
Zündung	Batterie-Spulen
Fahrwerk	
Rahmenbauart	Stahlrohr-Doppelschleifen-Rahmen mit einfachem Unterzug
Radführung vorne	Telegabel
Federweg vorne in mm	k.A.
Radführung hinten/Federbeine	Schwinge/ 2
Federweg hinten in mm	k.A.
Radstand in mm	1375
Räder und Bremsen	
Felgengröße vorne	1.85" x 19"
Felgengröße hinten	1.85" x 18"
Bereifung vorne	3.25-19
Bereifung hinten	3.50-18
Bremse vorne/Durchmesser in mm	Trommel/200
Bremse hinten/Durchmesser in mm	Trommel/180
Maße und Gewichte	
Länge in mm	2150
Breite in mm	830
Höhe in mm	1105
Gewicht in kg	182 (trocken)
Tankinhalt in Litern	12
Fahrleistungen	
Höchstgeschwindigkeit langliegend	170 km/h
Preis	3980 DM (1969)

Honda CB 350 Four

FOTO-FINISH

Für Soichiro Honda war er »mein vielleicht gelungenster Vierzylinder« - auf jeden Fall aber war er 1973 der kleinste. Die Rede ist vom Motor der CB 350 Four, die in den frühen 70er-Jahren Hondas Vierzylinder-Palette nach unten abrundete.

Den Autor dieses Buches reizte Hondas kleinstes Vierzylinder-Modell schon immer. Filigrane Technik, fantastischer »Sound« - so etwas musste irgendwann noch in der Garage stehen. Also wurde irgendwann eine gebrauchte CB 350 Four gekauft, um sie im Zuge einer Voll-Restaurierung in Punkto Funktionalität wie auch hinsichtlich der Optik in einen Best-Zustand zu versetzen.

Nach mehr als 130 Arbeitsstunden erstrahlte die »little four«, wie sie von Honda seinerzeit in der Werbung tituliert wurde, wieder in neuwertigem Glanz, und die ganze Spannung galt den ersten hundert Kilometern, auf denen vor allem Vergleiche zu den damaligen Testaussagen von Ernst »Klacks« Leverkus gezogen werden sollten.

Als er im Dezember 1972 die allererste CB 350 Four für einen Fahrbericht in die Hände bekam, resü-

Harmonie auf zwei Rädern:
Für viele Honda-Fans gilt die 350er als die schönste aller Vierzylinder-Honda aus den 70er-Jahren. Allein die 4-in-4-Auspuffanlage ist wunderschön gezeichnet.

Sport-Talent:
Auf kurvenreichen Landstraßen spielt die leichte 350er mit ihrem drehfreudigen Motor ihre Stärken aus. Das Handling ist von spielerischer Leichtigkeit.

Typisch Four:
Aus dieser Perspektive mutet die 350 Four ganz wie ihre große Schwester 750 Four an. Typisch sind die vier Auspuffe, die kleinen runden Blinker sowie das Rücklicht.

mierte er: »Die kleine Honda ist ein sicheres Verkaufsobejekt und wird unbedingt ein Schlager«. Denn: Der deutsche Importeur in Offenbach war sich dessen keineswegs sicher, hatte »Klacks« eine Testmaschine verweigert, und so musste er sich diese eben über Umwege aus Amerika beschaffen. »Klacks« aber wollte den kleinsten aller Vierzylinder unbedingt auf dem hiesigen Markt sehen - und brach deshalb eine Lanze für ihn.
Allerdings sparte er auch nicht an Kritik. Etwa bei den beiden hinteren Federbeinen, die er als »viel zu hart« einstufte. Heute können wir getrost sagen, dass die Federbeine viel zu weich sind und bereits im Einpersonen-Betrieb auf sehr welliger Piste durchschlagen, selbst mit maximaler Federvorspannung. Und von Dämpfung im Sinne des Wortes kann ebenfalls kaum die Rede sein.
Besser macht es die Teleskopgabel, deren Standrohre mit je einer lackierten Blechhülse verkleidet

Ulrich Kolb auf zeitgenössischer Fahrt:
Sowohl die Lederkombination als auch Stiefel und Chromwell-Halbschale stammen aus der Epoche der kleinen Vierzylinder.

Hochgenuss:
Auch aus dieser Perspektive kann die CB 350 Four begeistern. Neben Silber standen auch Rot und Metallic-grün als Farben zur Wahl.

und damit hervorragend gegen Steinschläge geschützt sind. Sie spricht sehr sensibel an, glänzt mit einer nahezu perfekten Federrate und guter Zug- wie Druckstufendämpfung. Selbst beim harten Anbremsen mit der hervorragend zu dosierenden Scheibenbremse schlägt sie auf Bodenwellen so gut wie nie durch. Jedenfalls bei unserem Exemplar. Ein weiterer Punkt, den »Klacks« lobte, betraf die Handlichkeit. Er berichtete von »spielerischem Umgang«, was nur bestätigt werden kann. Dass darunter die Fahrstabilität selbst bei hohen Tempi nicht leiden muss, bestätigt die kleine Honda damals wie heute. Selbst bei Höchstgeschwindigkeit (158 km/h) hält sie sauber ihre Spur, und Pendelerscheinungen sind ihr völlig fremd.

Bleibt das Herzstück zur Bewertung: der Vierzylinder-Motor. »Seidenweicher Lauf« rekapitulierte »Klacks«, und dem ist nichts hinzuzufügen. Kein Wunder freilich, bei Einzelhubräumen von noch nicht einmal 90 Kubikzentimetern. Über das gesamte Drehzahlband entwickelt der kleine Four nur ganz feine Schwingungen, von Vibrationen keine Spur. Wie eine Turbine dreht der Vierzylinder in allen Gängen bis zum roten Bereich, der bei 10.000/min beginnt, hoch und begeistert mit einer sportlichen Leistungs-Charakteristik. Bis 5000/min gibt's konstante Leistungszunahme, bis 8000/min weht ein stärkeres Lüftchen, und bis knapp 10000/min legt sich der Motor noch einmal mit einem Leistungs-«Kick« ins

Nähmaschinchen:
der kleine 350er-Vierzylinder begeistert nicht nur optisch. Sowohl in Punkto Laufkultur als auch in Sachen Charakteristik ist er ein Sahnestück.

Triumvirat der 70er-Jahre:
Die Eckert-Honda CB 750 K1 zusammen mit der CB 350 Four und der Suzuki GT 380 N beim Stelldichein auf dem Hof des Autors.

Zeug. Ein Charakter, der sehr gut zur Leichtfüßigkeit der kleinen Maschine passt.
Heutzutage gelten CB 350 Four übrigens schon als Seltenheit, denn im Gegensatz zu den 750ern oder 500ern von Honda kamen von diesem Modell gerade mal gut 1500 Exemplare nach Deutschland. Ein »Schlager«, wie »Klacks« prognostiziert hatte, wurde die 350 Four also nie. Und entsprechend gesucht sind die in rot, silber oder metallic-grün lackierten 350er heute. Ordentlich erhaltene Exemplare, aber meist mit ramponierter Auspuffanlage (der linke unter Topf rostet gerne durch), kosten bis 2500 Euro; gute Maschinen erzielen bis 3500 Euro, und für optische wie technische Sahnestückchen müssen bereits bis zu 5000 Euro locker gemacht werden. Und das ist mehr, als so manche 750er oder gar 500er erzielt.

Technische Daten

Motor	
Bauart	4-Takt/Reihe
Zylinderzahl	4
Ventile je Brennraum	2
Ventiltrieb	OHC
Bohrung in mm	47
Hub in mm	50
Hubraum in cm3	347
Verdichtung	9,3:1
Leistung in PS	34 (25 kW) bei 9500/min
Gemischaufbereitung	
Bauart/Anzahl	Rundschieber-Vergaser/4
Hersteller	Keihin
Venturi-Durchmesser in mm	22
Kraftübertragung	
Getriebe/Anzahl Gänge	Klauen/5
Primärübersetzung	3,42
Gesamtübersetzungen	
1. Gang	2,73
2. Gang	1,85
3. Gang	1,42
4. Gang	1,15
5. Gang	0,97
Sekundärübersetzung	2,24
Sekundärantrieb	Rollenkette
Elektrische Anlage	
Generatorleistung in Watt	156
Betriebsspannung in Volt	12
Zündung	Batterie-Spulen-Zündung
Fahrwerk	
Rahmenbauart	Doppelschleifenrohr-Rahmen aus Stahl mit einfachem, gegabeltem Unterzug
Radführung vorne	Telegabel
Federweg vorne in mm	115
Radführung hinten/Federbeine	Schwinge/2
Federweg hinten in mm	91
Radstand in mm	1355
Räder und Bremsen	
Felgengröße vorne	1.65" x 18"
Felgengröße hinten	1.85" x 18"
Bereifung vorne	3.00-18
Bereifung hinten	3.50-18
Bremse vorne/Durchmesser in mm	Einzelscheibe/260
Bremse hinten/Durchmesser in mm	Trommel/160
Maße und Gewichte	
Länge in mm	2060
Breite in mm	780
Höhe in mm	1090
Gewicht in kg	188 (vollgetankt)
Tankinhalt in Litern	12
Fahrleistungen	
Höchstgeschwindigkeit langliegend	158 km/h
Preis	4388 Mark (1973)

Eckert-Honda CB 750 K1

ES LEBE DER SPORT

Anfang der 70er Jahre war die Eckert-Honda CB 750 eine der wenigen leistungsfähigen Alternativen für sportliches Motorradfahren. Wir klären, wie viel Sportsgeist heute, mehr als 30 Jahre danach, im Vierzylinder-Sportler von 1971 steckt.

Montagmorgen, halbsieben, Frühsport ist angesagt. Noch leicht verschlafen öffnen wir das Tor unserer Garage, hinter dem das Sportgerät seiner Nutzung harrt. Die Rede ist von einer Eckert-Honda CB 750 K1. Doch gleich sind wir hellwach, denn mit einem Druck auf den Anlasserknopf antwortet unser CB 750-Vierzylinder schon nach wenigen Sekunden mit einem wohligen Schmettern aus den vier, in MV Agusta-Manier konisch geformten Auspufftüten. Dazu jenes gierige Schlürfen der vier offenen Ansaugtrichter - Ohr, was willst du mehr? Dieser Tag kann eigentlich nur gut werden.
Wie so oft verzückt die gerade fertig restaurierte Honda, von der Roland Eckert zu Beginn der 70er-Jahre gerade mal vier Stück auf die Räder gestellt hatte, zunächst durch ihren Klang. Der luftgekühlte Reihenvierzylinder klingt kraftvoll, mit einem vollen Bouquet, wie der Weinkenner vielleicht einwerfen würde.
Doch so schön die Lebensäußerungen eines Klassikers auch sein mögen - spätestens wenn sich herausstellt, dass Funktionalität und Fahrdynamik der Geräuschkulisse hinterher hinken, ist alles Schall und Rauch. Im wahrsten Sinne des Wortes.
Die leichteren Borrani-Hochschulterfelgen, die Eckert-Auspuffanlage und -Sitzbank sowie der weggefallene Hauptständer nebst Sozius-Fußrasten hal-

Perfekter Sportler:
Anno 1971 gab es nicht viel, was der seltenen Eckert-Honda gleich kam. Eine umgebaute Ducati oder MV Agusta vielleicht. Von letzterer ließ sich Roland Eckert zumindest beim Entwerfen der Auspuffanlage inspirieren.

Sports-Gaudi: Sportliche Umtriebe auf kurvenreichen Landstraßen sind die Domäne der schnellen Eckert-Honda CB 750 K1. Hier Freund und Restaurator Reiner Röschel auf Jungfernfahrt.

fen damals kaum, überflüssige Pfunde einzusparen, denn die Last von acht zusätzlichen Litern Treibstoff im langen Eckert-Tank ist erklecklich, und mit der rahmenfest mont erten Halbschale kam gegenüber dem werksseitig mit 236 Kilogramm angegebenen Serienmotorrad ebenfalls noch etwas hinzu. Vollgetankt bringt die Eckert-Honda immerhin 244 Kilogramm auf die Waage, und was die Fahrleistungen angeht, so halten wir es mit den Automobilbauern von Rolls-Royce, die allfällige Fragen nach PS-Zahlen und Fahrwerten angeblich stets mit einem »genügend« beschieden.

Etwas genauer wollen wir es dann doch wissen. Nach eingehender Vergaserabstimmung zeigt sich der Vierzylinder im oberen Drehzahlbereich schließlich agil und läuft nicht »gegen Gummi«, wie man

gemeinhin zu sagen pflegt. Mit entsprechendem Mess-Equipment (und auf freier Autobahn) ermitteln wir schließlich eine Höchstgeschwindigkeit von 200,25 km/h in langliegender Haltung hinter der wirksam vor dem Fahrtwind schützenden Verkleidung. Kein schlechter Wert, immerhin ist der Autor mit 1,93 Metern sowie samt Helm und Protektoren-Lederkombi 100 Kilogramm schwer, nicht gerade ein optimaler »Mess-Diener«.
Serienmäßige CB 750 wurden einst mit Höchstgeschwindigkeiten von 191 bis 197 km/h gemessen, wobei letztere Geschwindigkeit seinerzeit nur von der ersten CB 750 K0 im Test von *MOTORRAD* sowie von der letzten OHC-CB 750, der CB 750 F2 mit 73 PS, erreicht wurde.
Anno 1972 durfte die Eckert-Honda angesichts dieser Fahrleistungen also mit Fug und Recht als das obere Ende dessen gelten, was die Fahrleistungs-Rangliste für straßenzugelassene Maschinen damals vorsah. Man gehörte zweifellos zu den Schnellsten auf zwei Rädern im Lande.
Genau so wie die Leistung des Vierzylinders interessiert uns freilich das Fahrgefühl auf dem klassischen Sportler. Allein, die Sitz- oder besser die Liegeposition lässt den Fahrer nahezu bäuchlings über dem langen, schmalen Tank kauern. Lange Arme sind gefragt, und so kommt die Eckert-Honda hier vor allem Piloten mit Gardemaß entgegen. Ein Übriges zur sportiven Unterbringung des Piloten steuern auch die weit nach hinten verlegten Eckert-Fußrasten bei, und letztlich erlaubt das kleine Sitzpolster dem zwischen Tank und Sitzbankhöcker eingezwängten Gesäß nicht viel Bewegungsspielraum. Kurzum: Der Fahrer fühlt sich mit dem Motorrad außerordentlich verbunden, und so machen wir uns auf in die formidablenKurvenlabyrinthe der Schwäbischen Alb.
Obwohl 244 Kilogramm schwer, erfreut die Eckert-Honda mit erstaunlich guter Handlichkeit. Schräglagen lassen sich flink einleiten, und auch das Aufrichten geht flugs vonstatten. Insbesondere auf winkligen Strecken, wie sie gerade das hiesige Landstraßenterrain zu bieten hat, freut sich der Honda-Treiber über einen geringen Kraftaufwand. Allerdings vermag die Honda ihre Vorzüge, die sie im Fach Handlichkeit besitzt, insgesamt nicht in eine superschnelle Gangart umzumünzen, und Schuld daran tragen die Bremsen. Die vordere Doppelscheibenanlage mit den beiden Einkolben-Schwimmsattelzangen verfügt über einen extrem weichen Druckpunkt, und der Handhebel will für maximale Verzögerung nahezu ganz an den Lenkergriff herangezogen werden. Hier bieten etwa eine Ducati 750 Super Sport oder eine Laverda 750 SFC mit ihren überaus wirksamen Grimeca-, Lockheed- oder Brembo-Festsätteln weitaus Besseres. Wenigstens schaffte es Roland Eckert aber, mit der

Aus einem Guss:
Im Zuge der Restaurierung unserer Eckert-Honda ließen wir auch die links und rechts am Motor befindlichen Eckert-Deckel neu gießen, da sie nicht mehr erhältlich waren.

Betörend schön:
Tank-Sitzbank-Linie und die vier Megaphone geben der Eckert-Honda ein unverwechselbares Erscheinungsbild.

Schmal und sportlich:
Die knapp geschnittene Eckert-Halbschale unterstreicht den sportlichen Auftritt der CB 750.

radialen Lochung den strapazierten Bremsscheiben zu einer wirksamen Wärmeabfuhr zu verhelfen. So bleiben der weiche Druckpunkt und die Wirkung der gut dosierbaren Anlage wenigstens konstant. Einen weiteren positiven Aspekt hat die radiale Lochung freilich im Hinblick auf die Kreiselkräfte des Vorderrades. Durch die reduzierten Massen der Bremsscheiben sind auch die stabilisierenden Kräfte reduziert und dürfen so, zusammen mit den leichteren Borrani-Felgen, als Grund für die verbesserten Handling-Eigenschaften der Eckert-Honda angeführt werden.
Verglichen etwa mit einer serienmäßigen K2 oder gar F2 erstaunt die Eckert-Honda auch abgesehen von den gesteigerten Fahrleistungen immer wieder aufs Neue, bietet sie doch in allen Bereichen ein deutliches Plus. Ihr Fahrverhalten ist agiler, präziser, und dennoch mangelt es ihr nicht an Stabilität. Gutes gibt es von den Federelementen zu berichten. Die aus einer CB 750 K0 stammende und mit neuen Standrohren versehene Teleskopgabel unserer Eckert-Honda spricht ausreichend sensibel an, um auch kleinere Störimpulse sauber zu verarbeiten. Dennoch neigt sie aber auch bei harten Bremsmanövern, etwa noch dazu auf Bodenwellen, wie sie bei unserer Auffahrt auf die Albhochfläche reichlich zu finden sind, nicht zum Durchschlagen. Ähnliches wird Achtern vermeldet. Langgezogene, schnelle Kurven, eine wirkliche Domäne etwa der Ducati 750 Super Sport, vermag die Honda ähnlich zielgenau und spurstabil zu durcheilen, wenngleich sie unter dem Einfluss von Bodenwellen doch ein leichtes Eigenleben entwickelt, was aber auch die Sport-Ikone aus Bologna bei heftiger Gangart bisweilen und vor allem mit abgefahrenem Hinterreifen tut.

Kontaktlos:
Hinter dem schmucken Eckert-Deckel auf der rechten Motorseite verbirgt sich eine kontaktlose Piranha-Zündung, die die originalen Unterbrecher ersetzt.

Ein Grund für das unter CB 750-Maßstäben betrachtete, gute Fahrverhalten bei hohen Geschwindigkeiten ist freilich der harmonischen Gesamtkonzeption des Motorrades zuzuschreiben. So wird die Serienschwinge etwa in spielminimierten Nadellagern geführt, der Fahrer leitet über die schmalen Cuppini-Stummellenker nur geringe Störimpulse ein, sein Oberkörper bringt satte Last auf die Frontpartie, und letztlich passt die montierte Metzeler-Bereifung mit ME 33 Laser vorne und ME 99 hinten in den Dimensionen 100/90-19 respektive 110/80-18 ganz ausgezeichnet zum Honda-Fahrwerk. Derart gummiert, verfügt der Fahrer über reichlich Haftungsreserven, und das Nachlaufen von Spurrillen wie der Hund der Wurst ist der Eckert-Honda weitgehend fremd.
Haftung ist mit der Kombination von ME 33 Laser und ME 99 mehr als ausreichend gegeben, und so vermögen wir den Vortrieb unseres Vierzylinders denn auch in eine flotte Kurvenhatz umzumünzen. Bei sportlicher Fahrweise tut der Fahrer gut daran, den Drehzahlmesser im Auge zu behalten. Von 5000 bis 9400/min stellt der Vierzylinder immer genügend Leistung bereit, doch die rote und mittlerweile zu einem hellen Orange verbleichte Markierung auf dem Ziffernblatt des Tourenzählers mahnt bereits bei 8000/min zum Hochschalten. Das gut zu schaltende Getriebe, dessen Gänge - ganz im Gegensatz zu mancher Serien-CB 750 - übrigens nicht hin und wieder herausspringen, gestaltet das Auskosten des Drehzahlbandes und des gebotenen Vorwärtsdrangs als eine äußerst kurzweilige Übung.
Der kultivierte Motorlauf und auch die leichtgängige Kupplung favorisieren die Honda zudem, wenn es hin und wieder durch eine Ortschaft geht. Hier spielt sie in Punkto Alltagstauglichkeit alle Qualitäten eines japanischen Großserienproduktes aus, die ihr auch das Tuning von Roland Eckert nicht nahm. Gemütlich mit 2000 Umdrehungen im dritten oder vierten Gang dahinbummeln, dann einfach die vier Rundschieber der 28er-Keihin-Vergaser aufziehen - das CB 750-Triebwerk macht auch das problemlos mit und weiß sogar im fünften Gang noch mit gutem Durchzug zu glänzen.
Last but not least sei die wirtschaftliche Komponente der Eckert-Honda unter die Lupe genommen. Bei unserem Tankstopp nach 200 Kilometern fasst das 27 Liter-Spritfass der Eckert-Honda rund 18 Liter, was einem Verbrauch von neun Litern pro 100 Kilometer entspricht. Werden die Gasschieber auf der Autobahn über längere Zeit voll geöffnet, wobei dann Tempi von 180 km/h und mehr anliegen, fließen freilich auch zehn Liter oder mehr pro 100 Kilometer durch die Düsen. Fahrerischer Genuss aber stellt sich vor allem auf kurvenreichen Landstraßen ein.
Wer Anfang der 70er-Jahre die Rennsportberichte aufmerksam verfolgte und etwa mit Hondas Pro-

Super-aufwändig:
Roland Eckert lochte die serienmäßigen Honda-Bremsscheiben für die vier gebauten Eckert-Honda radial und drehte sie anschließend ab. Bessere Wärmeabfuhr und geringere ungefederte Massen sind der Lohn dieser Arbeit.

duction Racer CR 750 liebäugelte, für den war die Eckert-Honda CB 750 gewissermaßen eine Offenbarung. Sie sah aus, als wäre sie der Rennstrecke gerade entsprungen, hatte aber alle für den Betrieb auf öffentlichen Straßen notwendigen Utensilien mit an Bord. Die Eckert-Honda transportierte zu ihrer Zeit das, was Motorrad-Gigant Honda nicht leisten wollte: Nämlich sportliches Flair und ein Fahrgefühl zu vermitteln, ähnlich wie es etwa eine MV Agusta 750 S oder etwas später die Ducati 750 SS zu bieten hatte, jedoch gepaart mit der nahezu perfekten Funktionalität einer japanischen Großserienmaschine, sportlich verfeinert von Meister Roland Eckert. Und genau das zeichnet sie auch heute noch aus. Man fährt knackig über Land, fährt flüssig (mit frühen Bremspunkten!) und hat jede Menge Spaß.

Technische Daten

Motor	
Bauart	4-Takt/Reihe
Zylinderzahl	4
Ventile je Brennraum	2
Bohrung in mm	61,5
Hub in mm	63
Hubraum in cm3	749
Verdichtung	9,5:1
Leistung	70 PS (51 kW) bei 8400/min
Gemischaufbereitung	
Bauart/Anzahl	Rundschieber-Vergaser/4
Hersteller	Keihin
Venturi-Durchmesser in mm	28
Kraftübertragung	
Getriebe/Anzahl Gänge	Klauen/5
Primärübersetzung	k.A.
Gesamtübersetzungen	
1. Gang	14,0
2. Gang	9,75
3. Gang	7,47
4. Gang	6,25
5. Gang	5,26
Sekundärübersetzung	k.A.
Sekundärantrieb	Rollenkette
Elektrische Anlage	
Generatorleistung in Watt	210
Betriebsspannung in Volt	12
Zündung	Batterie-Spulen-Zündung
Fahrwerk	
Rahmenbauart	Doppelschleifenrohr-Rahmen aus Stahl
Radführung vorne	Telegabel
Federweg vorne in mm	143
Radführung hinten/Federbeine	Schwinge/2
Federweg hinten in mm	85
Radstand in mm	1455
Räder und Bremsen	
Felgengröße vorne	2.15" x 19"
Felgengröße hinten	2.15" x 18"
Bereifung vorne	100/90-19
Bereifung hinten	110/80-18
Bremse vorne/Durchmesser in mm	Doppelscheibe/260, radial gelocht
Bremse hinten/Durchmesser in mm	Trommel/180
Maße und Gewichte	
Länge in mm	2160
Breite in mm	885
Höhe in mm	k.A.
Gewicht in kg	244 (vollgetankt)
Tankinhalt in Litern	27
Fahrleistungen	
Höchstgeschwindigkeit liegend	200,25 km/h gemittelt aus 196,6 und 203,9 (Messung bei 11 Grad)

Preis
Komplett-Motorrad Honda CB 750 K1 mit Eckert-Modifikationen: Tank, Sitzbank, Verkleidung, Lenker, Fußrasten, 4-in-4-Auspuffanlage, Borrani-Hochschulterfelgen, radial gelochten Bremsscheiben, Motortuning mit Kopf- und Ventil-Bearbeitung, Norris-Nockenwelle, kontaktloser Zündung, offenen Vergasern und Abstimmung
circa 12.500 Mark (1972)

Honda CBX
Super Sport

SECHS AUF RADERN

Mit 1000 Kubikzentimeter Hubraum, sechs Zylindern und 105 PS wurde die Honda CBX 1978 zum Traum leistungssüchtiger Motorradfahrer.

»Wir wollten ein Motorrad bauen wie eine Rennmaschine; dazu komfortabel und leicht kontrollierbar.« So äußerte sich Honda-Chefkonstrukteur Hiroshi Kameyama Anfang 1978 über die Ziele bei der Entwicklung der Honda CBX Super Sport. »Für mich ist sie eher ein Motor mit zwei Transporträdern«, äußert sich hingegen Roland Eckert, Honda-Experte und Besitzer einer der allerersten CBX mit sage und schreibe erst 789 Kilometern auf der Uhr. Die ersten Fahreindrücke der Motorradtester offenbarten vor mehr als 20 Jahren in der Tat einen eher mäßigen Zielerreichungsgrad der brandneuen Wunderwaffe, und daran hat sich auch heute nichts geändert. Mit 595 Millimetern Baubreite und der einteiligen geschmiedeten Kurbelwelle besticht die CBX durch ein ausgeprägtes Beharrungsvermögen in Wechselkurven. Einmal in Schräglage eingelenkt, was erstaunlich leicht vonstatten geht,

Groß und mächtig:
Der gewaltige Motor erforderte in der Gesamtheit ein sehr großes Motorrad. 274 Kilogramm Gewicht, vollgetankt, treffen schliesslich auf 105 PS Leistung.

braucht die vollgetankt 274 Kilogramm schwere Honda CBX durchaus eine starke Hand, um wieder aufgerichtet zu werden.
In schnellen Kurven und im Bereich der Höchstgeschwindigkeit von knapp 220 km/h offenbart die CBX obendrein gewisse Stabilitätsprobleme und ärgert den Fahrer mit leichtem Pendeln. Abhilfe schafft es, den Oberkörper möglichst weit nach vorne zu verlagern, mit den Oberschenkeln festen Knieschluß am 24 Liter-Tank zu suchen und den Lenker dabei möglichst locker zu halten.
Wenngleich das Resümee zum Thema Fahrstabilität eher ernüchternd ausfällt, weiß die CBX in anderen Punkten nicht nur zu gefallen, sondern wie kaum ein anderes Motorrad sogar zu begeistern.
So weist der Motor beispielsweise verwandtschaftliche Merkmale mit dem legendären Rennsechszylinder der RC 166 auf. Wie beim Grand Prix-Renner aus den sechziger Jahren übernehmen auch hier vier Ventile – von zwei obenliegenden Nockenwellen betätigt – den Gaswechsel pro Brennraum.
Mit sechs 28 Millimeter-Vergasern mit Frischgas versorgt, entwickelt die CBX schließlich 105 PS Spitzenleistung bei 9000 Umdrehungen pro Minute, ver-

Schmuckstück:
Der wunderschön gezeichnete Sechszylinder-Motor mit seinen beiden obenliegenden Nockenwellen dominiert das Äussere der CBX ganz und gar. Bei seiner Konstruktion nahm Honda Anleihen an den berühmten Rennmaschinen vergangener Tage.

Moderne Zeiten:
Verglichen mit der CB 750 dokumentiert sich der Fortschritt im Design auch in den neu gestalteten Instrumenten.

Auf Leistung getrimmt: 105 PS schöpft der Sechszylinder aus 1047 cm^3 Hubraum und ermöglicht so knapp 220 km/h Höchstgeschwindigkeit. Die Frischgas-Aufbereitung übernehmen sechs 28 Millimeter große Gleichdruckvergaser.

»Motor mit zwei Transporträdern«: So nennt Roland Eckert seine CBX gerne. Aus dieser Perspektive erschließt sich in etwa, warum. Der Sechszylinder dominiert.

wöhnt mit vibrationsfreiem Lauf und umschmeichelt das Ohr des Fahrers mit einem Sound, wie ihn eben nur ein Reihensechszylinder liefern kann. Heiser brabbelt er im Standgas vor sich hin, und beherzte Drehs am Gasgriff beantwortet er sofort mit einem aggressiven jedoch nie aufdringlichen Fauchen. Kurzum: Der Ton der Honda CBX ist feine Musik und macht Lust auf mehr.
So überstrahlt denn der sämige Sechszylinder im Fahrbetrieb auch völlig die fahrwerksseitigen Unzulänglichkeiten. Bereits ab 2000/min können die Drosselklappen voll aufgezogen werden, und gleichmäßig beschleunigt die CBX. Ab 5000/min weht dann ein kräftigerer Wind, und im Bereich von 6500 bis 9500/min, wo der rote Bereich beginnt, brennt das 1047 cm^3 große Sahnestück japanischer Motorenbaukunst ein Leistungsfeuerwerk ab, wie es Power-orientierte Motorradfahrer 1978 sonst im Markt der Großserienmaschinen weitgehend vergeblich suchten.
Selbst unter heutigen Maßstäben betrachtet, findet die CBX damit einen wie damals konkurrenzlosen Platz in der Motorradlandschaft. Wer sich nämlich mit den Unzulänglichkeiten des Chassis bei vehementer Gangart abfindet, fährt mit der CBX auf einem ganz besonderen Genießer-Trip.
Sonntagmorgens, wenn die Welt angeblich noch in Ordnung ist, klappen wir das Garagentor hoch,

Thermisch gesund:
Ein unterhalb des Lenkkopfes montierter Ölkühler sorgt für moderate Öltemperaturen des Sechszylinders vor allem bei schnellen Autobahnfahrten.

Bequem, auch zu zweit:
Die lange und gut gepolsterte Sitzbank erlaubt es auch dem Beifahrer, die CBX-Faszination in vollen Zügen zu genießen. Die Sitzposition ist ausgesprochen bequem.

montieren den Tankrucksack für's Allernötigste, und zu zweit geht's auf eine Tagestour - über Landstraßen, selbstverständlich.
Dortselbst verwöhnt die dicke Honda auch den Hinterbänkler mit sehr gutem Komfort, und längere Etappen geraten beileibe nicht zum Stress. Aufrecht und bequem ist die Besatzung untergebracht, der Sechszylinder schnurrt wie ein artig dressiertes Raubkätzchen, und bei Bedarf schnupft die CBX auch längere Geraden mit respektabler Beschleunigung im Nu auf.
Wenngleich die extrem sportliche Gangart einen versierten Piloten voraussetzt, gibt sich die CBX bei der Qualität der Fahrwerks- und Bremsenelemente keine Blöße. Feinfühlig sprechen Telegabel und Federbeine an, und die aus der Honda CB 750 F2 übernommenen Verzögerer gebieten der möglichen Fahrdynamik zuverlässig und ohne allzu starkes Nachlassen Einhalt.
Ein kostengünstiger Spaß hingegen war und ist CBX-Fahren nie. Wird der volle Bumms des Reihensechszylinders gefordert, fließen schon mal 12 Liter oder auch etwas mehr durch die sechs Gleichdruckvergaser, und die 24 via Tassenstößel betätigten Ventile verlangen alle 6 000 Kilometer nach einer minutiösen Spiel-Korrektur.
Doch was soll's. CBX-Fahren hatte stets etwas besonderes – und das darf bekanntlich auch etwas teurer sein. Aus diesem Grund werden gebrauchte CBX der ersten Jahrgänge heutzutage auch nicht zu Schleuderpreisen feilgeboten. Gepflegte Exemplare liegen in aller Regel jenseits der 5.000 Euro-Grenze. Und eine Kaufüberlegung ist die CBX nicht nur aus Sammlergründen wert. Irgendwie erinnert sie – nicht nur ihres Motorsounds wegen – an den Porsche 911. Auch der lebt vom Flair seines charakterstarken Sechszylinders – und benimmt sich im Grenzbereich ebenfalls kapriziös. Und dennoch ist er der Traum von vielen – wie die CBX.

Technische Daten

Motor	
Bauart	4-Takt/Reihe
Zylinderzahl	6
Ventile je Brennraum	4
Ventiltrieb	DOHC
Bohrung in mm	64,5
Hub in mm	53,4
Hubraum in cm^3	1047
Verdichtung	9,3:1
Leistung in PS/Nenndrehzahl in 1/min	105/9000
Gemischaufbereitung	
Bauart/Anzahl	Gleichdruck-Vergaser/6
Hersteller	Keihin
Venturi-Durchmesser in mm	28
Kraftübertragung	
Getriebe/Anzahl Gänge	Klauen/5
Primärübersetzung	2,269
1. Gang	2,438
2. Gang	1,750
3. Gang	1,391
4. Gang	1,200
5. Gang	1,037
Sekundärübersetzung	2,333
Sekundärantrieb	Kette
Elektrische Anlage	
Generatorleistung in Watt	230
Betriebsspannung in Volt	12
Zündung	Batterie-Spulen-Zündung
Fahrwerk	
Rahmenbauart	Unten offener Stahlrohrrahmen mit Motor als tragendem Element
Radführung vorne	Showa-Telegabel
Federweg vorne in mm	160
Radführung hinten/Federbeine	Schwinge/2 Showa
Federweg hinten in mm	100
Radstand in mm	1495
Räder und Bremsen	
Felgengröße vorne	2.15" x 19"
Felgengröße hinten	2.50" x 18"
Bereifung vorne	3.50-19
Bereifung hinten	4.25-18
Bremse vorne/Durchmesser in mm	Doppelscheibe/280
Bremse hinten/Durchmesser in mm	Einzelscheibe/300
Maße und Gewichte	
Länge in mm	2240
Breite in mm	740
Höhe in mm	1380
Sitzhöhe in mm	780
Gewicht in kg	274 (vollgetankt)
Tankinhalt in Litern	23,8
Fahrleistungen	
Höchstgeschwindigkeit langliegend in km/h	219,1 (Messung)
Preis	10.300 Mark (1978)
Hersteller	Honda Motor Co.; Ltd.; Nr. 55-Chome Yaesu, Chuo-Ku, Tokyo, Japan

KAWASAKI

KAWASAKI A1 SAMURAI/ A7 AVENGER und A7 R

ZWEIER-BEZIEHUNG

Zwei Takte, zwei Zylinder, ein leistungsfreundlicher Drehschieber-Einlass und für die damalige Zeit gewaltige Motorleistung bei geringem Gewicht machten die 250er- und 350er-Kawasaki namens Samurai und Avenger zu Schreckgespensten für weitaus stärkere Maschinen. Zudem bildeten die Maschinen auch jeweils die Basis für die Rennmaschinen A1 R und A7 R.

Im Jahre 1966 präsentierte Kawasaki mit der A1 Samurai eine leichte und leistungsstarke 250er, zunächst für den US-Markt. Ihre herausragende technische Besonderheit stellte zweifelsohne der Zweizylinder-Zweitakter mit Einlass-Steuerung über jeweils einen links und rechts platzierten Plattendrehschieber dar. Diese, im Rennsport erfolgreiche Technik versprach in erster Linie gehörige Spitzenleistung. Und davon hatte die A1 Samurai mit 31 PS bei 8000/min reichlich zu bieten.
Stramme 160 km/h Höchstgeschwindigkeit waren mit der Drehschieber-250er möglich, und die nahezu baugleiche 350er mit Namen A7 Avenger, die Kawasaki ein Jahr später, 1967, in den Markt schickte, realisierte gar 42 PS bei 7500/min, was dann für 175 km/h Topspeed genügte.
Gegenüber der A1 Samurai wies die 350er eine um neun Millimeter vergrößerte Zylinderbohrung, um sechs Millimeter größere Vergaser sowie geänderte Steuerzeiten auf. Außerdem trugen die Kawasaki-Ingenieure der Leistungssteigerung von über 30 Prozent im Vergleich zur 250er in Form eines verbes-

Leicht-Gedicht:
Nur 149 Kilogramm Trockengewicht ermöglichten mit der kleinen und leichten Kawasaki allerbeste Fahrleistungen.

serten Schmiersystems Rechnung. Deren Ölpumpe versorgte die Kurbelwellen-Hauptlager nun direkt mit Öl. Übernommen wurde indes das Grundprinzip der Getrennt-Schmierung, die Frischöl direkt in die Ansaugkanäle beförderte.
Gemeinsam hatten 250er und 350er jedoch noch vieles andere. So etwa den hinter den Zylindern angeordneten Generator sowie die Zündanlage. Diese arbeitete anfänglich noch mit Unterbrecher-Kontakten, während ab 1969, vorerst jedoch nur in den USA, eine Hochspannungs-Kondensator-Zündanlage (CDI) zum Einsatz kam. Gemeinsam waren 250er und 350er auch der zierliche Doppelschleifenrahmen aus Stahlrohr, Teleskopgabel und Schwinge mit Federbeinen nebst Tank, Sitzbank und Schutzblechen.
Bewegen wir diese beiden Motorräder heute, prägen zwei Eindrücke das Fahr-Erlebnis. Zum einen die für die damalige Zeit unglaublich leistungsstarken Motoren, zum anderen das bei der Entwicklung zur Nebensache geratene Fahrwerk.
Während die 250er mit ihren 31 PS in Verbindung mit dem geringen Gewicht von nur 145 Kilogramm bereits sehr sportliche Fahrleistungen ermöglicht, geht die 350er mit ihren 42 PS beinahe schon »gefährlich gut«.
Bis etwa 5000/min gibt sich die 250er etwas träge, um jenseits dieser Marke jedoch bis etwa 9000/min kräftig anzutreten. Dabei fallen die beiden Trommelbremsen mit ihrer mäßigen Bremswirkung bereits negativ auf, jedoch nicht in dem Maße, wie bei der 350er.
Die A7 Avenger begeistert mit ihrem elf PS stärkeren Antrieb bereits im unteren Drehzahlbereich mit ausreichend Leistung und Drehmoment, und der Fahrer vermag beim vollen Beschleunigen im ersten und zweiten Gang das Vorderrad nur mühsam am Boden zu halten. Insbesondere die 350er wurde auf kurvigen Landstraßen so seinerzeit zum Schrecken für deutlich hubraum- und leistungsstär-

Fast eine Waffe:
Die spitze Leistungs-Charakteristik sorgt auf der Drehschieber-Kawasaki heute wie damals für Adrenalinschübe.

Ready for Racing:
mit der A7 R schuf Kawasaki 1968 eine Grand Prix-taugliche 350er auf der Basis der formidablen A7 Avenger.

Organspender:
In der A7 R diente der aus der serienmäßigen 350 Avenger übernommene Zweitakt-Zweizylinder mit zwei Drehschieber-Einlässen als Antriebsquelle.

kere Maschinen, wenngleich die Bremsanlage bei ihr schließlich hoffnungslos überfordert war. Frühe und sorgsame Wahl der Bremspunkte waren bei ihr deshalb ebenso wichtig wie eine weise Zurückhaltung auf welligen Pisten. Dort vermochten die Federelemente mit ihren knappen Federwegen (110 mm vorn/ 70 mm hinten) und ihrer laschen Dämpfung die auftretenden Schwingungen nämlich kaum zu bändigen, und der sprichwörtliche »Eiertanz« war die Folge. Die beiden hier gezeigten Motorräder stammen aus der Sammlung von Joachim Benz mit Sitz im schwäbischen Dürnau.
Als Kawasaki 1966 mit der A1 Samurai eine überaus potente 250er für die öffentlichen Straßen präsentierte, dauerte es freilich nicht lange, bis auf der

Spiel ohne Grenzen:
Dank größerer Vergaser, bearbeiteter Zylinder und „Rennbirnen" sorgen 53 PS für circa 220 km/h Höchstgeschwindigkeit.

Basis der leistungsstarken Drehschieber-Maschine ein entsprechendes Renn-Motorrad angeboten wurde. A1 R lautete die kurze, logische Bezeichnung, und tatsächlich basierte der Grand Prix-taugliche Renner in Punkto Motor und Fahrwerk ganz wesentlich auf dem für jedermann käuflichen Straßen-Modell. Im Jahre 1968 folgte der A1 R schließlich die A7 R, eine von der A7 Avenger abgeleitete Renn-Version, die in vielen Punkten mit der A1 R identisch war.
Während die 250er 40 PS und damit neun mehr als das straßenzugelassene Modell leistete, schickte das 350er-Renntriebwerk 53 Pferdestärken an das nach wie vor mit fünf Gängen bestückte Getriebe. Wesentliche Änderungen der 350er-Rennmaschine

Braver Standard:
Bei den straßenzugelassenen Modellen Samurai und Avenger sorgt ein konventionelles Instrumentarium für die notwendigen Informationen.

Bekennender Zweitakt-Fan:
Joachim Benz liebt die beiden Drehschieber-Sägen heiß und innig. Zudem hütet er einige Dreizylinder-Kawas in seiner Sammlung.

gegenüber dem Original stellten wie bei der 250er A1 R die aerodynamisch günstig geformte Vollverkleidung aus Glasfaser-verstärktem Kunststoff, der lange, 20 Liter fassende Kraftstoff-Tank sowie die kleine Höckersitzbank dar.
Der Zweizylinder-Zweitakter wurde mittels schärferer Steuerzeiten, einer auf 7,7:1 erhöhten Verdichtung, 29 Millimeter großer Vergaser, geänderter Zündung sowie einer Renn-Auspuffanlage auf Leistung gebracht.
Bei der 250er A1 R ging die Leistungssteigerung ebenfalls auf das Konto überarbeiteter Steuerzeiten, einer von 7,0:1 auf nunmehr 8,0:1 erhöhten Verdichtung, einer obligatorischen Renn-Auspuffanlage sowie zunächst Vergasern mit separaten Schwimmerkammern, deren Durchmesser 26 anstatt 22 Millimetern beim Serien-Modell betrugen. Spätere A1 R beziehungsweise A7 R-Modelle verfügten dann über Mikuni-Vergaser mit integrierten Schwimmerkammern.
Zudem wurde sowohl bei A1 R wie bei A7 R die Schmierung mittels Ölpumpe nun durch eine zusätzliche Mischungsschmierung im Verhältnis von 1:15 unterstützt. Für den Renneinsatz entsprechend modifiziert wurde auch das Getriebe, das eine engere Abstufung der einzelnen Fahrstufen sowie ei-

Vorsicht, giftig:
Mit der A1 Samurai brachte Kawasaki 1966 eine leistungsstarke 250er auf den Markt. 31 PS waren wirklich ein Wort.

Kleinod:
So schön die kleine Trommelbremse aussieht. mit den Motorleistungen der 250er und erst recht der 350er wird sie kaum fertig.

nen länger übersetzten Primär- und Sekundärtrieb erhielt. Gegenüber der Straßen-A7 erhielt der A7 R-Motor zudem einen Millimeter mehr Zylinderbohrung, wodurch das Hubraumlimit für die 350er-Klasse mit 349 cm³ fast exakt ausgeschöpft werden konnte. Im Vergleich zur Serie betrug das Hubraum-Plus elf Kubikzentimeter. Trotz der Konzeption für den Renn-Einsatz verblieb die Kickstarterwelle im Gehäuse. In der Praxis benötigt wurde sie indes nie - sowohl die A7 R als auch die A1 R wurde, wie es sich für ein Renn-Motorrad geziemt, im Schiebe-Start zum Leben erweckt.
Fahrwerksseitig beschränkten sich die Änderungen bei beiden Modellen im Wesentlichen auf die Montage schmalerer Leichtmetall-Hochschulterfelgen, einer im Durchmesser auf 200 Millimeter vergrößerten Doppel-Duplex-Trommelbremse vorne sowie einer nach wie vor 180 Millimeter durchmessenden Trommelbremse mit breiterer Bremsbelags-Fläche hinten.
Bekannt wurden die meist in typisch rot-weißer Lackierung an den Start gebrachten A1 R und die A7 R durch ihre Renn-Einsätze unter Dave Simmonds und Kent Anderson. Auch die hier abgebildete A7 R befindet sich im Besitz der Privatsammlung von Ludwig Pfaff im Schwarzwald.

Technische Daten

Motor		
Bauart	2-Takt/ Reihe fahrtwind-gekühlt	
Zylinderzahl	2	
Bohrung in mm	53/62	63
Hub in mm	56	56
Hubraum in cm³	247/338	349
Verdichtung	7,0:1	7,7:1
Leistung in PS/Nenndrehzahl in 1/min	31/ 42 PS (23/ 31 kW) bei 8000/ 7500/min; 53 PS (39 kW) bei 9500/min	
Gemischaufbereitung		
Bauart/Anzahl	Rundschieber-Vergaser/2	
Hersteller	Mikuni	Mikuni
Venturi-Durchmesser in mm	22/28	29
Kraftübertragung		
Getriebe/ Anzahl Gänge	Klauen/5	Klauen/5
Primärübersetzung	3,40/3,40	3,35
1. Gang	2,50/2,50	2,06
2. Gang	1,53/1,53	1,47
3. Gang	1,13/1,13	1,18
4. Gang	0,92/0,92	1,00
5. Gang	0,78/0,78	0,89
6. Gang	-	-
Sekundärübersetzung	2,46/2,40	1,81
Sekundärantrieb	Rollenkette	Rollenkette
Elektrische Anlage		
Generatorleistung in Watt	k.A.	k.A.
Betriebsspannung in Volt	12	12
Zündung	Batterie-Spulen	
Fahrwerk		
Rahmenbauart	Stahlrohr-Doppelschleifen-rahmen	
	Radführung vorne	
Telegabel	Telegabel	
Federweg vorne in mm	110/110	110
Radführung hinten/Federbeine	Schwinge/ 2	Schwinge/ 2
Federweg hinten in mm	70/70	70
Radstand in mm	1295/1295	1295
Räder und Bremsen		
Felgengröße vorne	1.65" x 18"	1.85" x 18"
Felgengröße hinten	1.85" x 18"	2.15" x 18"
Bereifung vorne	3.00-18 / 3.25-18	
	2.75-18	
Bereifung hinten	3.25-18 / 3.50-18	
	3.00-18	
Bremse vorne/Durchmesser in mm	Trommel/180	Trommel/200
Bremse hinten/Durchmesser in mm	Trommel/180	Trommel/180
Maße und Gewichte		
Länge in mm	2004/2004	1915
Breite in mm	810/810	579
Höhe in mm	k.A.	k.A.
Gewicht in kg	145/149 (vollgetankt)	
	109 (trocken)	
Tankinhalt in Litern	13,5/13,5	18
Fahrleistungen		
Höchstgeschwindigkeit langliegend	160/175 km/h	220 km/h
Preis	2950/3400 Mark (1966)	
	k.A. (1968)	

35
AWASAKI

KAWASAKI 350 S2 Mach II

BRANDSTIFTER

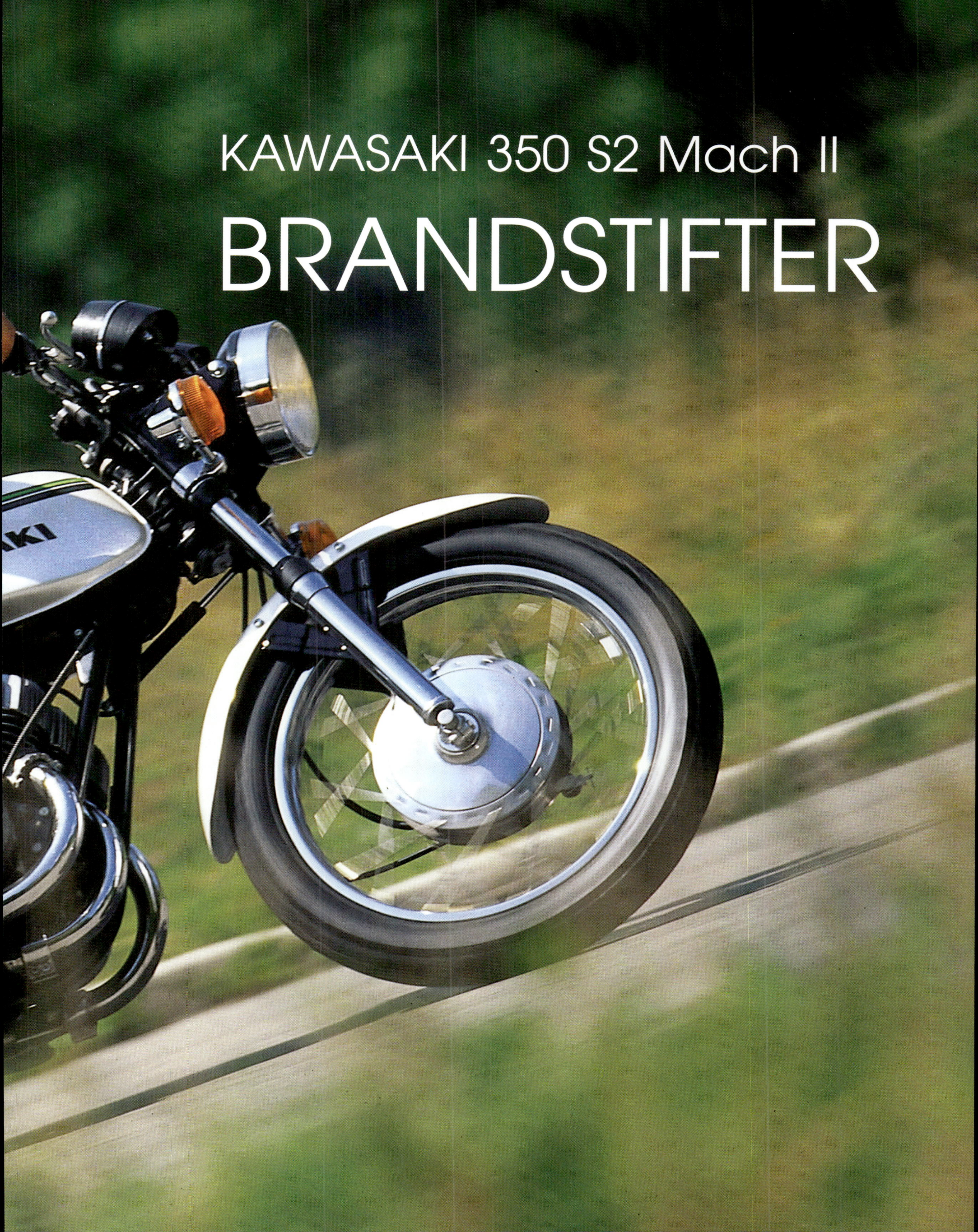

Mit reichlich Leistung und geringem Gewicht ließ die S2 von Kawasaki mit ihrem legendären Dreizylinder-Motor in den frühen 70er-Jahren das Zweitakt-Feuer prächtig lodern.

Der 1971 präsentierte 350er-Drilling klingt, bedingt durch die kleineren Einzelhubräume, viel lebendiger als die großvolumigeren Modelle wie die 500 H1 Mach 3 oder gar die 750 H2 und signalisiert bereits auf diese Weise seinen ganz und gar sportlichen Charakter. Bereits nach wenigen Metern Fahrt darf die zusätzliche Gemischanreicherung wieder entfallen, und als auf der Testfahrt mit dem gut erhaltenen Exemplar von Joachim Benz die Autobahn lockt, be-

Weiß und heiß:
Die kleine 350er namens S2 Mach II geriet mit ihren 45 PS zu Anfang der 70er-Jahre zu einem sehr flotten Sportgerät.

Leicht und wendig: Die leichte 350er ist mit ihren 45 PS in kurvigem Terrain voll und ganz in ihrem Element.

schert dies die willkommene Gelegenheit, den 45 PS, die der Dreizylinder bei 8000/min zumindest auf dem Papier leistet, freien Lauf zu lassen.
Aufrecht sitzend pendelt sich die Nadel des Tachometers immerhin bei 160 km/h ein. Falten wir uns hinter dem Zündschlüssel zusammen, geht die S2 laut Tacho gar respektable 185 km/h. Als Höchstgeschwindigkeit wurden seinerzeit optimistische 180 km/h angegeben.
Die Domäne dieses Fliegengewichts ist aber die zügige Landstraßenfahrt mit eifrigem Durchschalten des Fünfganggetriebes.
Das genüssliche Abfackeln fossilen Brennstoffs be-

Mickrig:
Die 180er-Trommelbremse am Vorderrad vermag der gebotenen Fahrdynamik nur unzureichend Einhalt zu gebieten.

Wie gewohnt:
Tachometer und Drehzahlmesser in gewohnter Kawasaki-Manier kombiniert mit einem flachen, sportlichen Lenker.

Typischer Drilling: Design und Motor-Layout sind gemeinsame Markenzeichen aller Kawasaki-Dreizylinder.

Hebel-Gesetz:
Die hintere Trommelbremse wird via Seilzug betätigt. Ihre Wirkung ist sehr giftig.

Ganz die Mutter:
Die schöne Mutter H2 stand bei der Linienführung der hübschen Tochter S2 ganz zweifelsohne Pate.

herrscht die S2 dortselbst aus dem Effeff. Im flotten Landstraßenbetrieb, und das heißt, die Drehzahlmessernadel stets im leistungsträchtigen Bereich zwischen 5000/min und 9000/min zu halten, sind wenigstens 150 bis 180 Kilometer drin, bis Ausschau nach einer Zapfsäule gehalten werden muss. Drehzahlen will sie, die S2, und man gibt sie ihr gerne. 6000, 7000, 8000, ja bis gut 9000/min schwingt sich der Zweitakter auf und zerrt dann an der Kette wie ein verärgerter Terrier am Hosenbein. Der kräftige Biss der 350er weckt heute wie damals unweigerlich den Renn-Instinkt im Fahrer. Mit scharfem Blick wird die Nadel des Drehzahlmessers verfolgt, denn der Schaltpunkt will exakt getroffen werden, um perfekten Anschluss im nächsten Gang zu gewinnen.

Das klappt prima, denn die Abstufung der fünf Fahrstufen ist geglückt, und so setzt die S2 ihre 45 PS angesichts von nur 162 Kilogramm Gewicht mit

1,5 Litern Öl und vollem Spritreservoir in vehementen Vortrieb um.
Nicht so ganz dem ungestümen Vortrieb gewachsen sind aus heutiger Sicht indes die beiden Verzögerungseinheiten - eine Vollnabentrommelbremse mit 180 Millimetern Durchmesser vorne sowie ein ebenfalls 180 Millimeter messendes Pendant hinten. Während am vorderen Bremshebel durchaus heftig gezogen werden darf, ohne die Haftgrenze des Pneus auch nur annähernd zu erreichen, quittiert das Achtern verbaute Exemplar auch wenig beherzte Fußtritte mit schwarzen Strichen auf dem Asphalt.
Vehemente Gangart wird aber nicht nur durch die beiden Stopper vereitelt, auch die Federelemente kühlen des Fahrers Mütchen wirkungsvoll. Merklich zu lasch gedämpft, stellen sich in Schräglage, dazu noch auf Bodenwellen, leichte Rührbewegungen ein, und die kleine Kawasaki entwickelt ein, sagen wir, »gewöhnungsbedürftiges« Eigenleben.
Die 350 S2, die unter dem Namen Mach 2 Furore machte und in ihrem Heimatland Japan 350-SS hieß, basierte im Grunde auf demselben Konzept wie die 250 S1 Mach 1, nämlich dem luftgekühlten Dreizylinder mit 52,3 Millimetern Kolbenhub. Während die 32 PS starke 250er mit 45 Millimetern Zylinderbohrung aber als Langhuber ausgelegt war, resultierte die Zylinderbohrung von 53 Millimetern beim 350er-Motor in einem nahezu quadratischen Bohrung-Hub-Verhältnis. Hinzu kamen bei der 350er um zwei auf 24 Millimeter vergrößerte Vergaserquerschnitte, wohingegen die Verdichtung mit 7,3 zu eins wiederum identisch war.

Technische Daten

Motor und Getriebe	
Bauart	2-Takt/ Reihe fahrtwindgekühlt
Zylinderzahl	3
Ventile je Brennraum	-
Bohrung in mm	53
Hub in mm	52,3
Hubraum in cm3	346
Verdichtung	7,3:1
Leistung in PS/Nenndrehzahl in 1/min	45 PS (33 kW) bei 8000/min
Gemischaufbereitung	
Bauart/Anzahl	Vergaser/ 3
Hersteller	Mikuni
Venturi-Durchmesser in mm	24
Kraftübertragung	
Getriebe/ Anzahl Gänge	Klauen/ 5
Primärübersetzung	2,22
1. Gang	2,86
2. Gang	1,79
3. Gang	1,35
4. Gang	1,12
5. Gang	0,96
6. Gang	-
Sekundärübersetzung	3,07
Sekundärantrieb	Rollenkette
Elektrische Anlage	
Generatorleistung in Watt	k.A.
Betriebsspannung in Volt	12
Zündung	Batterie-Spulen
Fahrwerk	
Rahmenbauart	Stahlrohr-Doppelschleifenrahmen
Radführung vorne	Telegabel
Federweg vorne in mm	120
Radführung hinten/Federbeine	Schwinge/ 2
Federweg hinten in mm	70
Radstand in mm	1310
Räder und Bremsen	
Felgengröße vorne	1.65" x 18"
Felgengröße hinten	1.85" x 18"
Bereifung vorne	3.00 H 18
Bereifung hinten	3.50 H 18
Bremse vorne/Durchmesser in mm	Trommel/180
Bremse hinten/Durchmesser in mm	Trommel/180
Maße und Gewichte	
Länge in mm	1999
Breite in mm	770
Höhe in mm	k.A.
Gewicht in kg	149,5 (trocken)
Tankinhalt in Litern	13 (22)
Fahrleistungen	
Höchstgeschwindigkeit langliegend	ca. 180 km/h
Preis	3890 DM (1971)

Kawasaki 500 H1 Mach III

SPITZ UND SPRITZIG

ASAKI

Mit 60 PS aus nur 500 Kubikzentimetern Hubraum und einer sehr spitzen Leistungscharakteristik stellte die Kawasaki 500 H1 Mach III 1970 zumindest in Punkto Fahrleistungen nahezu alles in den Schatten.

Wer zu Beginn der 70er Jahre auf die Philosophie »Leistung pur« setzte, lag bei der 1969 präsentierten Kawasaki 500 H1 Mach III zweifellos goldrichtig. Gewaltige 60 PS schöpft ihr luftgekühlter Dreizylinder-Zweitaktmotor aus lediglich 498 Kubikzentimetern Hubraum, was sich im Verein mit nur 175 Kilogramm Trockengewicht freilich auch in für die damalige Zeit spektakulären Fahrleistungen niederschlug. Knapp 190 km/h Höchstgeschwindigkeit und eine Beschleunigung von null auf 100 km/h in etwa 4,2 Sekunden waren fürwahr ein Wort. Damit waren die Mach III-Piloten zumindest auf dem Papier sogar dem Maßstab der Honda CB 750 gewachsen. Was überdies für die filigrane Kawasaki sprach, war ihr günstiger Preis. Nur 4300 Mark mus-

Klein und giftig:
Sie schaut harmlos aus, hat es aber teuflisch in sich. 60 PS trafen 1969 auf nur 175 Kilogramm Gewicht und ermöglichten 190 km/h Höchstgeschwindigkeit. Für nur 4.300 Mark war dies ein »waffenscheinpflichtiges« Angebot.

Typisch Kawasaki:
Die Rundinstrumente mit den hochgezogenen Blenden fanden sich bei vielen anderen Modellen der Marke wieder. Eine Besonderheit stellt der einstellbare Lenkungsdämpfer dar.

sten angelegt werden - eine CB 750 war da deutlich teurer.
Jedoch sprach auch einiges gegen die Anschaffung dieser heißen Dreizylinder-Maschine, und das begründete sich vornehmlich auf dem Fahrwerk. Der aus dünnen Stahlrohren geschweisste Doppelschleifenrahmen war nicht unbedingt ein Vorzeigeprodukt japanischer Ingenieurskunst in Punkto Verwindungssteifigkeit, und auch die Federelemente nebst Bremsen reichten in ihrer Wirkungsweise beileibe nicht an die Baugruppen des neuen Trendsetters CB 750 heran.
»Keine Frage, es ist ein richtig altes Motorrad, wenn man die 500er Kawasaki heute fährt«, urteilt Günter Kneisl, als wir uns zu den Fotofahrten für dieses Buch am Fuße der Schwäbischen Alb treffen. Von seinem Freund Joachim Benz hat er das rare Stück aus dem Jahre 1970 für die heutige Ausfahrt geborgt. Der wiederum kaufte die Mach III Mitte der 90er Jahre in den USA und plazierte sie nach erfolgter Restaurierung dann einige Jahre im Schaufenster eines Kawasaki-Händlers im schwäbischen Schorndorf.» 1998 hat er sie schließlich doch mobil gemacht und fährt sie seitdem auch. Allerdings ist er gerade in den Flitterwochen, und so helfe ich

Überfordert:
Die vordere Trommelbremse konnte die gebotene Fahrdynamik nur mühsam im Zaum halten. Später folgte eine etwas besser wirkende Scheibenbremse.

Kam über den Teich:
Diese H1 ist ein US-Modell, das über eine kontaktlose Hochspannungs-Kondensator-Zündung verfügt, die in Europa seinerzeit wegen ihrer mangelnden Entstörung nicht angeboten wurde.

heute eben gerne aus«, erklärt der 37jährige Diplom-Ingenieur, der sich unter anderem auch dem Ersatzteilhandel für ältere Kawasaki-Modelle verschrieben hat.
Im Fahrbetrieb dominiert vor allem der kraftvolle Dreizylinder-Motor, der allerdings von recht ungestümem Charakter ist. So ist bis etwa 5000/min zwar ein Vorankommen möglich, doch gebärt sich das Aggregat bis zu dieser Marke nicht gerade durchzugsstark. Umso mehr voran geht es dafür aber oberhalb dieser Drehzahl, und ab 7000/min bis hinauf auf etwa 9000/min brennt der Zweitakter geradezu ein wahres Leistungsfeuerwerk ab. Das nutzbare Drehzahlband ist also recht schmal, und

Durchaus vergnüglich: Das geringe Gewicht und das handliche Fahrwerk laden durchaus zu kürzeren Ausflügen über Landstraßen ein. Die Bremsen und die unterdämpften Federelemente vereiteln jedoch allzu sportliche Umtriebe.

der Schaltfuß will im Fünfganggetriebe dementsprechend oft Gangwechsel vornehmen. Wird dies vom Fahrer beherzigt, so stehen fulminante Fahrleistungen an, die gerade in Verbindung mit dem geringen Gewicht eine flotte Gangart auf Landstraßen ermöglichen sollten.

Vereitelt wird dieses Unterfangen schlußendlich aber vor allem durch die unterdämpften Federelemente, die das ohnehin labile Fahrwerk auf Bodenwellen nicht von Schlingerbewegungen abhalten können. Überdies wirken die beiden zierlichen Trommelbremsen vorne und hinten nur spärlich und raten zur Wahl von nicht allzu späten Bremspunkten. Ist der Fahrer sich damals wie heute dieser Eigenschaften jedoch bewußt, begeistert ihn die Kawasaki mit ihrem explosiven Motor, und die wenig überzeugenden Chassis-Qualitäten treten erfreulich weit in den Hintergrund.

Ausladend:
Die Einheiten von Zündung, Verteiler und Generator bedingten weit ausragende Gehäusedeckel, die das Motorrad sehr breit geraten liessen.

Kaum gewachsen:
Vor allem im Zweipersonen-Betrieb sind die beiden hinteren Federbeine nicht mehr Herr über die Beschaffenheit der Fahrbahn. Hier empfahl sich der Austausch gegen Koni-Elemente.

Bei der hier vorgestellten Maschine handelt es sich um ein US-Modell, das im Gegensatz zu den damals ausgelieferten Europa-Versionen mit drei Unterbrechern bereits eine kontaktlose Hochspannungs-Kondensator-Zündung besaß. Für Europa war diese Zündanlage jedoch zunächst nur für Rennsporteinsätze vorgesehen. Als Grund wurden seinerzeit mögliche Störungen von Fernsehgeräten angegeben, und die Abschirmung schien Probleme zu bereiten, was Techniker der Firma Bosch anlässlich des ersten Fahrberichtes 1969 gegenüber der Zeitschrift MOTORRAD bestätigten.

Technische Daten

Motor	
Bauart	2-Takt/Reihe
Zylinderzahl	3
Ventile je Brennraum	-
Ventiltrieb	-
Bohrung in mm	60
Hub in mm	58,8
Hubraum in cm^3	498
Verdichtung	6,8:1
Leistung in PS/Nenndrehzahl in 1/min	60/7500
Gemischaufbereitung	
Bauart/Anzahl	Rundschieber-Vergaser/3
Hersteller	Mikuni
Venturi-Durchmesser in mm	28
Kraftübertragung	
Getriebe/Anzahl Gänge	Klauen/5
Gesamtübersetzungen:	
1. Gang	15,95
2. Gang	10,15
3. Gang	7,90
4. Gang	6,66
5. Gang	5,84
Sekundärantrieb	Rollenkette
Elektrische Anlage	
Generatorleistung in Watt	-
Betriebsspannung in Volt	12
Zündung	Hochspannungs-Kondensator-Zündung
Fahrwerk	
Rahmenbauart	Doppelschleifenrohrrahmen aus Stahl
Radführung vorne	Telegabel
Federweg vorne in mm	140
Radführung hinten/Federbeine	Schwinge/2
Federweg hinten in mm	70
Radstand in mm	1455
Räder und Bremsen	
Felgengröße vorne	1.85" x 19"
Felgengröße hinten	2.15" x 18"
Bereifung vorne	3.25-19
Bereifung hinten	4.00-18 oder 130/80 V 18
Bremse vorne/Durchmesser in mm	Trommel/206
Bremse hinten/Durchmesser in mm	Trommel/180
Maße und Gewichte	
Länge in mm	2050
Breite in mm	710
Höhe in mm	1250
Sitzhöhe in mm	850
Gewicht in kg	175 (trocken)
Tankinhalt in Litern	15
Fahrleistungen	
Höchstgeschwindigkeit langliegend in km/h	ca. 190
Preis	4300.- Mark (1969)
Hersteller	Kawasaki Motor Co. Ltd.; Japan

Kawasaki 750 H2

H2 – OOOH!

WASAKI

Die berüchtigte Kawasaki H2 war 1971 Wasser auf die Mühlen aller Leistungsfetischisten. Wer 74 PS und rund 200 km/h haben wollte, bekam dies mit drei Zylindern und zwei Takten in einem mäßigen Fahrwerk.

An den Biker-Stammtischen dieser Welt galt sie als der Schrecken aller Motorradfahrer, das kaum zu bändigende Untier, das seinen Reiter gnadenlos abzuwerfen versucht: Kawasaki H2, so lautete die Bezeichnung für jene legendäre 750er der frühen 70er Jahre, die mit ihrem 74 PS starken Dreizylinder-Zweitaktmotor soviel Kraft und Drehmoment an das Spaghettischmale Hinterrad der Dimension 4.00-18 schickte, daß Abschmieren stets nur eine Frage der Zeit zu sein schien. Wahrheit oder Biker-Latein? Fabel oder Wirklichkeit? Der Autor wollte diesem immer wieder wohlgenährten Gerücht auf den Grund gehen und ritt sie - die H2 von Wolfgang Rohde, der unter anderem auch die Kawasaki Z1 900, die Bimota KB 1 und die Rickman-Kawasaki CR 1000 für diese Buch-Produktion zur Verfügung stellte.

Der allererste Kontakt fällt überraschend positiv aus. Eine klar gezeichnete Linie mit einem eleganten Heckbürzel, alles in sattem Metallicblau lackiert und dazu drei wunderschöne, verchromte Auspufftüten. Herz, was willst du mehr?

Auch die Sitzprobe offenbart Gutes, klein wie groß gewachsene Piloten bringen ihre Extremitäten prima unter, und ein hoher, breiter Lenker sorgt für ein entspanntes Thronen über den drei Zweitakttöpfen. Doch Vorsicht, die haben es in sich. Einmal mit einem kräftigen Kick zum Leben erweckt, verraten sie ungeduldig im Standgas brabbelnd, daß mächtig Feuer in ihnen steckt. Feuer, das stets aufmerksam gehütet sein will, sonst gibt`s einen Steppenbrand. Von drei bis fünftausend Umdrehungen zieht der luftgekühlte Reihen-Dreier, der mit 63 Millimetern

Tri-Top:
Gewaltiges Drehmoment und viel Leistung beschert der Dreizylinder der Kawasaki 750 H2 und sorgt damit für beeindruckende Fahrleistungen.

Schräg' lass' nach:
Derartige Umtriebe sind mit der H2 zwar möglich, jedoch kaum angebracht. Für ein »Leben am Limit« ist die schöne Dreizylinder von Wolfgang Rohde nämlich zu schade.

Hub und 71 Millimetern Bohrung aus 748 cm3 Zylinderinhalt 74 PS schöpft, nämlich bereits wacker voran, um dann oberhalb von 5000/min bis zum Beginn des roten Bereiches auf dem Tourenzähler bei 7500/min so richtig die Arme lang zu ziehen. Wer sich ausgerechnet in diesem Moment heftigen Durchbeschleunigens in Schräglage und dazu noch auf welliger Fahrbahn befindet, dem offeriert die H2 das, was masochistische Naturen an einem Motorrad so schätzen. Unruhen ohne Ende, Verwindungen von der Schwinge bis zum Lenkkopf, die selbst den Mutigsten Respekt abnötigen.
Präsentiert wurde die H2 1971 auf der Tokyo Motor Show, um wenig später in Kalifornien der Weltpresse vorgestellt zu werden. Dabei stellte sich rasch heraus, daß die 750er bei weitem kein so nervenzerrfetzendes Naturell an den Tag legte, wie die Kawasaki 500 H1 Mach III, die sich ja den Ruf der Unfahrbarkeit einbrachte. Keine Frage: Die H2 war ein viel harmonischeres Motorrad, mit wesentlich mehr Drehmoment und einer sanfteren Leistungsentfaltung. Dennoch zogen nicht wenige Motorradfahrer den Schluß, daß die 500er schlimm und die 750er deshalb noch viel schlimmer sein mußte. Klar ist: Das war ein Irrtum.

Betörende Linie:
Das sportliche Design der 750 H2 zog viele Fahrer in seinen Bann. Im Fahrbetrieb legte der Drilling jedoch unangemessene Trinksitten an den Tag.

Einmal an den kräftigen Charakter dieses Zweitakthammers gewöhnt, wellige Straßen gemieden und stets im Hinterkopf habend, daß die Bremsen eigentlich gar keine sind, lassen sich mit der H2 auch heute noch durchaus forsche Umtriebe pflegen. Spielerisch ist – eingedenk der Tatsache, daß es sich ja um eine 750er handelt – die Handlichkeit, denn die ganze Fuhre wiegt nur 192 Kilogramm trocken und besitzt einen tiefen Schwerpunkt. Entsprechend flink läßt sich die 750er abwinkeln –

Wie gewohnt:
Die Kawasaki-Instrumente mit den hochgezogenen Blenden finden sich auch bei der H2 wieder. Zu einer angenehmen Sitzposition verhilft der Z1-Lenker.

Schon besser:
Im Gegensatz zur H1 fällt der Motor nicht mehr so ausladend aus. Die Frontansicht wirkt dadurch weitaus harmonischer.

Technische Daten

Motor	
Bauart	2-Takt/Reihe
Zylinderzahl	3
Ventile je Brennraum	-
Ventiltrieb	-
Bohrung in mm	71
Hub in mm	63
Hubraum in cm^3	748
Verdichtung	7,0:1
Leistung in PS/Nenndrehzahl in 1/min	74/6800
Gemischaufbereitung	
Bauart/Anzahl	Rundschieber-Vergaser/3
Hersteller	Mikuni
Venturi-Durchmesser in mm	30
Kraftübertragung	
Getriebe/Anzahl Gänge	Klauen/5
Primärübersetzung	1,88
1. Gang	2,17
2. Gang	1,47
3. Gang	1,11
4. Gang	0,92
5. Gang	0,81
Sekundärübersetzung	3,13
Sekundärantrieb	Rollenkette
Elektrische Anlage	
Generatorleistung in Watt	-
Betriebsspannung in Volt	12
Zündung	Hochspannungs-Kondensator-Zündung
Fahrwerk	
Rahmenbauart	Doppelschleifenrohrrahmen aus Stahl
Radführung vorne	Telegabel
Federweg vorne in mm	140
Radführung hinten/Federbeine	Schwinge/2
Federweg hinten in mm	80
Radstand in mm	1410
Räder und Bremsen	
Felgengröße vorne	1.85" x 19"
Felgengröße hinten	2.15" x 18"
Bereifung vorne	3.25-19
Bereifung hinten	4.00-18
Bremse vorne/Durchmesser in mm	Einzelscheibe/297
Bremse hinten/Durchmesser in mm	Trommel/200
Maße und Gewichte	
Länge in mm	2080
Breite in mm	851
Höhe in mm	1330
Sitzhöhe in mm	840
Gewicht in kg	192 (trocken)
Tankinhalt in Litern	17
Fahrleistungen	
Höchstgeschwindigkeit langliegend in km/h	über 200
Preis	5.600.- Mark (1972)
Hersteller	Kawasaki Motor Co. Ltd.; Japan

leichte Erinnerungen an brandaktuelle 250er werden wach.

Kurzum: Ihrem miserablen Ruf wird die H2 dann gerecht, wenn man ihr freien Lauf lässt, sie auf Strecken wie beschrieben schickt und von den Federelementen nahezu Unmögliches fordert. »Mit einer guten Gabel, guten Federbeinen und ordentlichen Bremsen wäre sie selbst heute gar nicht schlecht«, resümieren wir, und fürwahr darf die Frage gestellt werden, ob diese Art Motorrad nicht irgendwann wieder eine Zukunft haben könnte. Mit Kraftstoffeinspritzung vielleicht, denn eine verschleißfreie Hochspannungs-Kondensator-Zündung besaß die H2 ja bereits.

Nicht zu fassen:
Die Schräglagenfreiheit der H2 ist beachtlich, und die Kurvengeschwindigkeit angesichts der schmalen Bereifung enorm. Diese Aufnahme dürfte allerdings die Grenze des Machbaren widerspiegeln. Wolfgang Rohde freut sich, dass die Maschine noch heil ist.

Note mangelhaft:
Die Einscheibenbremse erfordert einen beherzten Zug am Hebel, um dann aber doch nur mäßig zu verzögern. Eine vorausschauende Fahrweise ist also auch hier gefordert.

Kawasaki 900 Z1

RAD DER GEWALT

900
DOHC

Mit 79 PS aus 903 cm^3 Hubraum beantwortete die Kawasaki 900 Z1 1972 die Wünsche der Motorradfahrer nach schierer Leistung. Im Verein mit dem eher mittelmäßigen Fahrwerk schuf sich die schnelle 900er damit einen bis heute schaurig-schönen Ruf.

Ein Journalist taufte sie beim ersten Test einst »Frankensteins Tochter«, und dieses Image wird sie wohl nie wieder loswerden können. Vor allem die Neigung zum Hochgeschwindigkeitspendeln brachte der 1972 erstmals der Weltöffentlichkeit präsentierten 900er Kawasaki diesen fragwürdigen Ruf ein. Doch trotz dieser Misere fand die 900 Z1 viele Freunde und begründete schließ-

»Frankensteins Tochter«:
So titulierte MOTORRAD einst die 900er Kawasaki, die zum damaligen Zeitpunkt eine neue Dimension in Punkto Fahrleistungen erschloss, aber auch mit respekteinflößenden Fahreigenschaften auftrat.

Aufgefrischt: Mit der Z1 900 präsentierte Kawasaki auch eine neue Generation von Instrumenten, die über viele Jahre hinaus Bestand haben sollte.

Zur Not auch per Kick: Die 900er Kawasaki besitzt einen elektrischen Anlasser, doch im Bedarfsfall kann der Vierzylinder auch mittels Kickstarter zum Leben erweckt werden.

lich eine Motorenbaureihe bei Kawasaki, die bis in die 80er Jahre hinein Bestand haben sollte. Außerdem avancierte sie zusammen mit ihren verbesserten Nachfolgerinnen Z 1000 und Z1-R zu dem, was wir heute Kult-Bikes nennen. Alle diese Vierzylinder galten zu ihrer Zeit als Inbegriff schierer und fast unbändiger Leistung und erfreuen sich in heutigen Tagen einer wachsenden Fangemeinde. Der 900 Z1 war – als Urahn dieser Entwicklungsreihe sozusagen – ein Platz in den Geschichtsbüchern sicher.
Ziel von Kawasaki war es 1972 freilich, der dominierenden Honda CB 750 auf dem Markt Paroli zu bieten, und nach dem Motto »stärker und schneller« kreierten die japanischen Ingenieure eine Maschine, bei der vor allem der Motor im Vordergrund stand. Mit einem quadratischen Bohrung-Hub-Verhältnis von 66 x 66 Millimetern durfte der luftgekühlte Reihen-Vierzylinder aus 903 cm³ Hubraum schöpfen und 82 PS bei 8500 Umdrehungen produzieren. Für den deutschen Markt wurde die DIN-Leistung mit 79 PS bei gleicher Drehzahl angegeben. Für dieses Leistungsplus von 15 beziehungsweise 12 PS gegenüber der vierzylindrigen 750er Honda wurde freilich einiger Aufwand getrieben, und so verfügte der Motor etwa über zwei obenliegende, kettengetriebene Nockenwellen, die die Ventile drehzahlfest über Tassenstößel betätigten.
In der Praxis glänzt der rollengelagerte Vierzylinder unseres Testexemplars, das wieder einmal Wolfgang Rohde aus Nürtingen zur Verfügung stellte, mit guter Gasannahme und Durchzugsqualitäten, die selbst das lochfreie Hochbeschleunigen im fünften Gang ab 3000/min gestatten. Bei Bedarf stellt sich von 5000 bis 9000/min zudem kräftiger Schub ein, der bei fleißiger Betätigung des gut zu schaltenden Fünfganggetriebes durchaus sportli-

Eher dürftig: Nur eine Bremsscheibe vorne ist angesichts der gebotenen Fahrdynamik eindeutig zu wenig. Später folgte eine Doppelscheibenanlage.

Bequem über Land: Der hohe, breite Lenker garantiert eine entspannte Sitzhaltung und sorgt für ausreichendes Handling der trocken 235 Kilogramm schweren Z1 900.

che Fahrleistungen ermöglicht. Mit 212 km/h rannte damals eine Testmaschine von Motorrad durch die Lichtschranke, und bei einem großen Nürburgring-Test wollten die Redakteure sogar einmal 227 km/h ermittelt haben. Fürwahr rekordverdächtige Werte, die – wie wir wissen - einen Leistungsbedarf weit jenseits von 80 PS erfordert hätten. Doch wie auch immer: Gut 200 km/h, und das ist aus heutiger Sicht sicher ein reeller Wert für die 900 Z1, waren beileibe auch kein Pappenstiel.
Letzteres vor allem dann, wenn die Strecke das Fahrwerk mit Bodenwellen malträtierte. Dann wurde die 900er - zumindest im Serientrimm – in heftige Rührbewegungen versetzt, und zumeist quittierte der Fahrer dies mit einem etwas moderateren Dreh am Gasgriff. Doch die Fachleute der Zeitschrift MOTORRAD fanden hierfür probate Gegenmittel, und so galt als taugliches Beruhigungsmittel etwa die Montage eines Lenkungsdämpfers an den werksseitig bereits vorhandenen Aufnahmen sowie der Einsatz von Koni-Stoßdämpfern nebst einer haftfreudigen Metzeler-Bereifung. Damit, so sagen es die mehr als 25 Jahre alten Test-Unterlagen, fuhr die 900 Z1 geradezu um Welten besser.

Zeitloses Design:
Die Linienführung mit dem legendären Heckbürzel führte sich über Jahre hinweg bis zur Z 1000 A2 fort, und Kawasaki griff in den 90er Jahren bei der Zephyr-Baureihe wieder darauf zurück.

Guter Ton:
Der 900er Vierzylinder »atmet« durch eine wunderschön gearbeitete Vier-in-Vier-Auspuffanlage und unterstreicht seine Kraft mit gewaltiger Akustik.

In der heutigen Zeit sind originale und gut gepflegte Exemplare der Kawasaki 900 Z1 nicht mehr unter 6000 Mark zu haben, Sahnestückchen mit wenigen Kilometern Laufleistung durchstoßen sogar die 10.000 Mark-Grenze. Ein Ende dieser preislichen Entwicklung scheint auch nicht absehbar, denn der Kreis der Liebhaber wächst und wächst. Übrigens: Heute wie damals entdecken die Motorradfans die Kawasaki 900 Z1 als begehrtes Tuning-Objekt, und so ist es nicht verwunderlich, daß regelmäßig piekfein aufgebaute Umbauten auf 900 Z1-Basis aus den kleinen privaten Werkstätten rollen. Auch Wolfgang Rohde, Besitzer, Fahrer und Restaurator zahlreicher 900 Z1 legte vor Jahren Hand an diese Generation Motorrad. Heraus kam eine Vierzylinder-Kawasaki, wie sie einmaliger nicht sein könnte. Fazit: Kawasaki 900 Z1 – lebendiger denn je.

Technische Daten

Motor	
Bauart	4-Takt/Reihe
Zylinderzahl	4
Ventile je Brennraum	2
Ventiltrieb	DOHC
Bohrung in mm	66
Hub in mm	66
Hubraum in cm^3	903
Verdichtung	8,5:1
Leistung in PS/Nenndrehzahl in 1/min	79/8500
Gemischaufbereitung	
Bauart/Anzahl	Rundschieber-Vergaser/4
Hersteller	Mikuni
Venturi-Durchmesser in mm	28
Kraftübertragung	
Getriebe/Anzahl Gänge	Klauen/5
Primärübersetzung	1,73
1. Gang	3,17
2. Gang	2,19
3. Gang	1,67
4. Gang	1,38
5. Gang	1,22
Sekundärübersetzung	2,33
Sekundärantrieb	Rollenkette
Elektrische Anlage	
Generatorleistung in Watt	180
Betriebsspannung in Volt	12
Zündung	Batterie-Spulen-Zündung mit Unterbrechern
Fahrwerk	
Rahmenbauart	Doppelschleifenrohrrahmen aus Stahl
Radführung vorne	Telegabel
Federweg vorne in mm	140
Radführung hinten/Federbeine	Schwinge/2
Federweg hinten in mm	80
Radstand in mm	1490
Räder und Bremsen	
Felgengröße vorne	1.85" x 19"
Felgengröße hinten	2.15" x 18"
Bereifung vorne	3.25-19
Bereifung hinten	4.00-18
Bremse vorne/Durchmesser in mm	Einzelscheibe/296
Bremse hinten/Durchmesser in mm	Trommel/200
Maße und Gewichte	
Länge in mm	2205
Breite in mm	930
Höhe in mm	1425
Sitzhöhe in mm	830
Gewicht in kg	235 (trocken)
Tankinhalt in Litern	18
Fahrleistungen	
Höchstgeschwindigkeit langliegend in km/h	212
Preis	7.200.- Mark (1973)
Hersteller	Kawasaki Motor Co. Ltd.; Japan

Kawasaki Z 1000/ Z 1000 A1 von 1977

KLASSEN-TREFFEN

Arai
KAWASAKI

Irgendwann trennen sich die Wege im Leben, etwa am Ende der Schulzeit. Jeder bricht für sich auf, seinen Weg zu machen. Doch dann, nach vielen Jahren, trifft man sich wieder, schwelgt in alten Zeiten, tauscht Erfahrungen aus. So wie heute, wo wir uns mit der brandneuen Z 1000 und ihrer Namensgeberin treffen.

Nicht nur der Name Kawasaki Z 1000 vereint die beiden »Musterschüler« in dieser Geschichte. Sowohl bei der alten, einer Z 1000 A1 aus dem Jahr 1977, die uns Z-Spezialist Frank Bach aus Wittlich freundlicherweise zur Verfügung gestellt hat, als auch bei der aktuellen Z 1000 reden wir über vier Zylinder, doppelte

Wie es euch gefällt:
Viel Chrom, ein zur Schau gestellter, mächtiger Motor und eine edel anmutende Lackierung in dunkelblau-metallic – so ging die Z 1000 vor 26 Jahren erfolgreich auf Kundenfang.

Concerto grosso:
Unterwegs mit Z 1000 von gestern und heute, vermischen sich der weiche und volle Klang des alten Vierzylinders mit dem harten, sportiven Sound des neuen Z 1000-Motors. Ein Fest für die Ohren.

Scheibenbremsen vorne, 85 respektive 127 PS und vor allem jede Menge Charakter. Da spielt es auch eine ziemlich untergeordnete Rolle, dass sich der rollengelagerte und mit zwei Ventilen je Brennraum bestückte Motor des Klassen-Primus von 1977 zur Kühlung seines Temperaments den Fahrtwind um den Zylinderkopf wehen lässt, während die vierventilige Neue sich dazu eines wohl temperierten und obendrein die Geräusche dämmenden Wassermantels bedient.

Wobei das Wort Geräusch, abgesehen von der Mechanik, in beiden Fällen ganz entschieden fehl am Platze ist. Ein satter, sonorer Klang ist es, mit dem die beiden 1000er-Triebwerke glatt jeden

Gesichts-Unterricht:
So klein die Lampenmaske am aktuellen Modell ist, so effizient entlastet sie den Fahrer bei hohen Tempi. Da hatte die Ahnin lediglich einen Scheinwerfer zu bieten. Und einen hohen Lenker Marke „Segel im Wind“ obendrein.

Uhr-Werk:
Wo vor 26 Jahren noch zwei große Analog-Instrumente Geschwindigkeit und Drehzahl angaben, informiert heute ein digitales Kombi-Instrument auf kleinstem Raum.

Linien-Treue:
Völlig unterschiedlich, aber beide Male doch absolut eigenständig und konsequent wurde das Design der beiden 1000er geschaffen. Leicht barock und typisch für die 70er Jahre die Z 1000 A1, kantig und gedrungen die Z 1000 von heute.

Schulhof in eine wahre Arena of Sound verwandeln würden. Mindestens. Ungemein weich und vollmundig stimmt der gute alte 1000er-Motor bereits in niedrigen Drehzahlen sein Lied von Kraft und Drehmoment an. Werden die vier 26 Millimeter-Drosselklappen schließlich voll geöffnet, brüllt der Vierzylinder bis etwa 8500 Touren so richtig aus voller Brust, und der Fahrer empfindet die amtlich

1977:
Mit strammen 85 PS präsentierte Kawasaki damals die erste Großserien-1000er als direkte Nachfolgerin von Z1 und Z 900.

Stoff für Diskussionen:
...ja, weißt du, eigentlich müsste man ja beide in seiner Garage haben, oder?

deklarierten 85 PS beim Durchschalten der fünf Gänge spätestens in der höchsten Fahrstufe als völlig ausreichend, muss er sich doch am für die damalige Zeit typisch hohen und breiten Lenker mächtig gegen den heran stürmenden Fahrtwind stemmen. Sportunterricht à la Kawasaki sozusagen. Etwas manierlicher tut's da schon die aktuelle Z 1000 - und zwar in vielfältiger Hinsicht. 26 Jahre gesetzgeberische Optimierung von Geräusch-Grenzwerten zeigen Wirkung fürs Ohr. Wohl erzogen singt der Vierzylinder zumindest bis etwa 5000, 6000 Umdrehungen das Lied vom Musterknaben, doch dann verschmelzen das kehlige Ansauggeräusch und der vierventil-typische, harte Klang zu einem einzigartigen Vierzylinder-Sound, der höchst sportliche Fahrdynamik signalisiert. Dafür gibt's auch heute noch Note eins.

Werden die Gänge der Sechsgang-Schaltbox jeweils bis über 10.000/min ausgedreht, zeigt die digitale Geschwindigkeitsanzeige des Super-Naked-Bikes rasch mehr als 240 km/h, und der Fahrer muss dank des sportlich tief montierten Rohrlenkers und der effektiven Lenkerverkleidung kaum einen Muskelkater in seiner Arm- und Schultermuskulatur fürchten. So ändern sich die Zeiten.

Das Einfließen sämtlicher Kapitel der technischen Entwicklung in den letzten 26 Jahren stempelt die neue Z 1000 heute beinahe exakt zu dem, was die ehrwürdige Z 1000 A1 anno 1977 war: ein bärenstarker Vierzylinder für sportliche Gangart über Land, schnelle, wenngleich nicht zu lang andauernde Passagen über die Autobahn und letztlich ein Motorrad, welches das Zeug zum Mythos hatte. Wo die alte Z 1000 als erste Großserien-1000er noch den Ruf von brachialer, kaum beherrschbarer Leistung der Vorgängerin Z1 mit 900 ccm marktgerecht zu kultivieren vermochte, stößt die aktuelle Z 1000 heute ganz neue Türen auf. Von einer »Supermoto mit vier Zylindern« ist in Anspielung auf die phänomenale Handlichkeit und die zupackenden Bremsen der Neuen gerne die Rede. Ein reinrassiges Spaß-Gerät also, gewürzt mit einem kräftigen Schuss Charakter und einer feinen Prise Tradition des Hauses in Form der vier Endrohre, wie sie schon die Urahnin aller Z-Kawasaki, die Z1 anno 1972 trug. Ein kleiner Stilbruch, wenden Sie als Kenner der Materie ein, da die alte Z 1000 ja nur mehr zwei Auspufftöpfe besaß? Nicht nur und ausschließlich, denn die letzten Z 1000 wurden im Jahr 1978 tatsächlich mit der wunderschönen 4-in-4-Anlage der Z1 als Dreingabe verkauft.

Technische Daten

Motor und Getriebe		
Bauart	4-Takt/ Reihe flüssigkeitsgekühlt 4-Takt/ Reihe fahrtwindgekühlt	
Zylinderzahl	4	4
Ventile je Brennraum	4	2
Bohrung in mm	77,2	70
Hub in mm	50,9	66
Hubraum in cm3	953	1016
Verdichtung		
Leistung in PS/Nenndrehzahl in 1/min	127 PS (93 kW) bei 10.000/min 85 PS (63 kW) bei 8000/min	
Gemischaufbereitung		
Bauart/Anzahl	Elektronische Kraftstoff-Einspritzung/ 4 Vergaser	 4
Hersteller	Keihin	Keihin
Venturi-Durchmesser in mm	38	26
Kraftübertragung		
Getriebe/ Anzahl Gänge	Klauen/ 6	Klauen/ 5
Primärübersetzung	1,73	
1. Gang	3,17	
2. Gang	2,19	
3. Gang	1,67	
4. Gang	1,38	
5. Gang	1,22	
6. Gang	-	
Sekundärübersetzung	2,33	
Sekundärantrieb	Rollenkette	Rollenkette
Elektrische Anlage		
Generatorleistung in Watt	k.A.	k.A.
Betriebsspannung in Volt	12	12
Zündung	Motormanagement Batterie-Spulen	
Fahrwerk		
Rahmenbauart	Stahlrohr-Brückenrahmen Stahlrohr-Doppelschleifenrahmen	
Radführung vorne	Upside-down-Telegabel Telegabel	
Federweg vorne in mm	140	
Radführung hinten/Federbeine	Schwinge/ 1	Schwinge/ 2
Federweg hinten in mm	80	
Radstand in mm	1505	
Räder und Bremsen		
Felgengröße vorne	3.50" x 17"	1.85" x 19"
Felgengröße hinten	5.50" x 17"	2.15" x 18"
Bereifung vorne	120/70-17	3.25 H 19
Bereifung hinten	190/50-17	4.00 H 18
Bremse vorne/Durchmesser in mm	Doppelscheibe/ 300 Doppelscheibe/ 250	
Bremse hinten/Durchmesser in mm	Scheibe/ 220 Scheibe/ 250	
Maße und Gewichte		
Länge in mm	2240	
Breite in mm	875	
Höhe in mm	1180	
Gewicht in kg	256 (vollgetankt)	
Tankinhalt in Litern	16,5	
Fahrleistungen		
Höchstgeschwindigkeit langliegend	250 km/h	210 km/h
Preis	9900 Euro (2003) 8500 DM (1977)	

Z 1000
Z1-R
DOHC

Z 1000 Z1-R

SPORTLICHER CHARAKTER

Mit ihrem Café-Racer-Design markierte die Z 1000 Z1-R einen neuen Trend im Motorradbau, hin zu sehr sportlichen Motorrädern. Gegenüber ihrer Vorgängerin, der Z 1000, von der sie direkt abgeleitet wurde, besaß sie darüber hinaus 5 PS mehr Leistung und ein 18 Zoll-Vorderrad.

Die Vorschusslorbeeren der deutschen Motorradfahrer auf die 1977 vorgestellte und 1978 in den Markt gebrachte Z1-R waren enorm, wurde die sportliche 1000er im futuristischen Design doch auf Anhieb zum Motorrad des Jahres gewählt. Ganz offenbar sprach Kawasakis neue, supersportliche Linie einen großen Teil der Fans an.

R-Folge:
Die Karriere der Z1 setzte sich über Z 900 und Z 1000 bis zur Z1-R fort. Sie läutete 1978 eine neue Stilrichtung ein.

Kraftwerk: Nominell 90 PS versprach Kawasaki für den Z1-R-Vierzylinder. in der Praxis erreichten diese Leistung aber die wenigsten Exemplare.

Grand ohne vier:
Der Vierrohr-Auspuff der Z1 und Z 900 musste an der Z1-R einer zeitgenössischen 4-in-1-Anlage weichen. Die Bremsscheiben wurden vorne wie hinten mit einer Lochung versehen.

Technisch betrachtet fanden sich an der Z1-R gegenüber der Vorgängerin Z 1000 abgesehen vom Design tatsächlich aber nur wenige Änderungen. Wesentlichster Unterschied war hierbei zweifelsohne die Umstellung auf ein kleineres 18 Zoll-Vorderrad, das mit seinen geringer aufbauenden Kreiselkräften und der einher gehenden Reduzierung des Nachlaufs die Handlichkeit der 1000er verbessern sollte.
Wie sich jedoch bei Tests bald heraus stellte, wurde der leichte Zugewinn in Sachen Handling mit einer Nervosität um die Hochachse bei höheren Geschwindigkeiten ab etwa 160 km/h erkauft. Rasch wurde als physikalische Ursache das kleinere Vorderrad ausgemacht, was jedoch nur zum Teil zutraf. Vielmehr leitete die Cockpit-Verkleidung die erheblichen Wind-Kräfte ins Fahrwerk ein, wie spätere Fahrversuche ohne Lenkerverkleidung ergaben. »Nackte« Z1-R benahmen sich bei hohen Tempi bedeutend ruhiger als das verkleidete Original. Ebenso spielte die Wahl der Bereifung bei der Z1-R eine große Rolle.
Eine nur scheinbare Verbesserung stellte auch die Änderung der vorderen Doppelscheibenbremse dar. Zwar resultierte aus den nunmehr gelochten Bremsscheiben ein verbessertes Ansprechverhalten bei Nässe, und die Reduzierung der Bremsscheiben-Massen war ebenfalls dem Handling förderlich, doch hatte die Umrüstung auf einen nicht mehr direkt, sondern via Seilzug betätigten Hauptbremszylinder einen spürbar indifferenten Druckpunkt zur Folge. Die Dosierbarkeit der an sich guten Bremse litt darunter merklich.
Weitere Kritikpunkte der Z1-R betrafen die Motorleistung, die mit 90 PS angegeben, jedoch in der Praxis kaum erreicht wurde. Zudem klagten Z1-R-Fahrer anfänglich über den hübschen, jedoch viel zu klein geratenen 13 Liter-Tank, der später auf Wunsch gegen ein 22 Liter-Exemplar ausgetauscht werden konnte.

Charakter-Darsteller:
Wie die Z1 beherrscht auch die Z1-R ihren eigenständigen, betont sportlichen Auftritt perfekt.

Gut gerüstet:
Hinter der kleinen Cockpit-Verkleidung finden sich neben Tachometer und Drehzahlmesser auch eine Tankuhr sowie ein Voltmeter.

Aus einem Guss:
Das kantige Design der Z1-R spaltete damals die Gemeinde, aber harmonisch ist es auf jeden Fall.

Was trotz aller Änderungen blieb, war der bewährte, rollengelagerte Vierzylinder auf Basis des Z1-Triebwerkes von 1972. Im Trimm der Z1-R nunmehr wieder mattschwarz lackiert und mit 28er-Vergasern und einer modern gestylten 4-in-1-Auspuffanlage versehen.

Bewegen wir heute eine Z1-R, ist nach wie vor der »Mythos Z« deutlich zu spüren. Mit tiefem, sonorem Grollen erwacht der 1000er-Vierzylinder zum Leben und begeistert - schön warm gefahren - mit einem breiten nutzbaren Drehzahlband sowie guter Spitzenleistung. Im Vergleich zu einem Exemplar, das der Autor 1980 bewegen durfte, glänzt unser - übrigens unrestauriertes - Fotomodell zudem mit guten Fahrwerks-Qualitäten, was die generell gültige Aussage über den Einfluss der Bereifung nachhaltig untermauert. Insbesondere mit den Metzeler ME33 Laser vorne sowie ME99 hinten legt die Z1-R gute Manieren an den Tag. Und in bezug auf den Seilzug-betätigten Hauptbremszylinder sei empfohlen: gut schmieren.

Zudem zeigt sich seit einigen Jahren, dass die von der Sammler-Gemeinde zunächst verschmähte Z1-R mehr und mehr zum gesuchten Kult-Objekt avanciert. Bei allmählich steigenden Gebraucht-Preisen, versteht sich.

Betont sportlich:
Die vordere Doppelscheibenbremse mit gelochten Bremsscheiben. Gut in der Wirkung, aufgrund eines zwischengeschalteten Seilzuges aber nur mäßig zu dosieren.

Technische Daten

Motor und Getriebe	
Bauart	4-Takt/ Reihe fahrtwindgekühlt
Zylinderzahl	4
Ventile je Brennraum	2
Bohrung in mm	70
Hub in mm	66
Hubraum in cm3	1016
Verdichtung	8,7:1
Leistung in PS/Nenndrehzahl in 1/min	90 PS (66 kW) bei 8000/min
Gemischaufbereitung	
Bauart/Anzahl	Vergaser/ 4
Hersteller	Keihin
Venturi-Durchmesser in mm	28
Kraftübertragung	
Getriebe/ Anzahl Gänge	Klauen/ 5
Primärübersetzung	1,73
1. Gang	3,17
2. Gang	2,19
3. Gang	1,67
4. Gang	1,38
5. Gang	1,22
6. Gang	-
Sekundärübersetzung	2,20
Sekundärantrieb	Rollenkette
Elektrische Anlage	
Generatorleistung in Watt	k.A.
Betriebsspannung in Volt	12
Zündung	Batterie-Spulen
Fahrwerk	
Rahmenbauart	Stahlrohr-Doppelschleifenrahmen
Radführung vorne	Telegabel
Federweg vorne in mm	140
Radführung hinten/Federbeine	Schwinge/ 2
Federweg hinten in mm	80
Radstand in mm	1505
Räder und Bremsen	
Felgengröße vorne	1.85" x 18"
Felgengröße hinten	2.15" x 18"
Bereifung vorne	3.50 H 18
Bereifung hinten	4.00 H 18
Bremse vorne/Durchmesser in mm	Doppelscheibe/ 250
Bremse hinten/Durchmesser in mm	Scheibe/ 250
Maße und Gewichte	
Länge in mm	2235
Breite in mm	800
Höhe in mm	1295
Gewicht in kg	246 (trocken)
Tankinhalt in Litern	13 (22)
Fahrleistungen	
Höchstgeschwindigkeit langliegend	212 km/h
Preis	9968 DM (1978)

Kawasaki Z 1300/ Z 1300 DFI

SECHS-PROTZ

Kawasaki

Als stärkstes, schwerstes und muskulösestes Sechszylinder-Serienmotorrad ging die zur IFMA 1978 präsentierte Kawasaki Z 1300 neben der Honda CBX und der Benelli Sei 750 in die Motorrad-Geschichte ein. Zunächst mit drei Doppel-Vergasern zur Gemischaufbereitung präsentiert, erhielt der wassergekühlte Sechszylinder 1983 eine moderne, elektronische Kraftstoff-Einspritzung.

Als die Kawasaki Z 1300 auf der IFMA in Köln 1978 das Licht der Öffentlichkeit erstmals sieht, erntet sie fast ausnahmslos skeptische Blicke. Gewaltige 317 Kilogramm schwer, nominell aufgrund der freiwilligen Selbstbeschränkung der Importeure mit 100 PS für Deutschland und 120 PS für die übrigen Länder flößten Respekt ein. Zumal Kawasaki sich fahrwerksseitig in der Vergangenheit nicht gerade mit Ruhm bekleckert hatte. Die Z1 und ihr Hochgeschwindigkeitspendeln ist zu diesem Zeitpunkt noch in guter Erinnerung.

Dicker Brocken:
Gewaltige 322 Kilogramm bringt die Z 1300 DFI auf die Waage. Alles an ihr wirkt größer, massiver als bei anderen Maschinen.

Aerodynamik wie ein Scheunentor: Extrem ausladend baut der Sechszylinder, was durch die montierten Sturzbügel noch verstärkt wird.

Komplett und bequem:
Den Z 1300-Fahrer freute nicht nur das luxuriös ausgestattete Cockpit. Der breite Lenker sorgte für sehr entspanntes Thronen über dem Sechszylinder-Kraftwerk.

Bei den ersten Tests der Motorrad-Journaille kann der schwere Brocken aber durchaus überzeugen. Einwandfreier Geradeauslauf, selbst im Bereich der Höchstgeschwindigkeit von 208 km/h für die gedrosselte Version. Und das, obwohl auch die Z 1300 »nur« über einen konventionell aufgebauten Doppelschleifen-Rohrrahmen aus Stahl verfügt, so wie die meisten starken Motorräder zuvor auch. Lediglich mit abgefahrenem Hinterradreifen reagiert die Z 1300 auf Längsrillen empfindlich und wird zu leichtem Schlingern angeregt.
Doch Kawasaki ließ sich bei der Z 1300 gewiss nicht lumpen, zuviel stand auf dem Spiel, und man wollte

Modifiziert:
Joachim Benz, Besitzer dieser Z 1300 DFI montierte für den täglichen Gebrauch eine 6-in-1-Anlage von Devil. Das Originalteil liegt schön konserviert daheim.

Durchaus umgänglich:
Dank des breiten Lenkers lässt sich die Z 1300 auch auf kurvenreichen Landstraßen durchaus willig dirigieren.

sich alles leisten - nur eben keinen wildgewordenen Sechszylinder im Schwabbel-Fahrwerk. So erklärt sich die solide Führung der Hinterradschwinge in Nadellagern ebenso wie die massiv ausgelegte, luftunterstützte Teleskopgabel mit für damalige Verhältnisse rekordverdächtigen 41 Millimeter-Standrohren.
In Punkto Motor kam hingegen wenig Skepsis auf - der Sechszylinder überzeugte auf Anhieb. Zunächst mit drei Doppelvergasern befüttert, glänzte der wassergekühlte Antrieb mit vorbildlicher Laufkultur, extrem niedrigem mechanischem Geräuschniveau sowie einer perfekten, lochfreien Leistungsentfaltung. Im Verein mit dem wartungsfreien Kardan-Antrieb entstand so weniger eine Alternative zur ebenfalls sechszylindrigen Honda CBX, sondern vielmehr zur Honda Gold Wing. Das Wort »Sport« hatte für die Z 1300 und ihren Fahrer kaum eine Bedeutung, ganz im Gegensatz zum CBX-Piloten, der den Zusatz »Super Sport« gerne wörtlich nahm und dann vom Fahrwerk enttäuscht wurde.
Ganz ohne Modellpflege ging es denn bei der Z 1300 aber nicht, und so erhielt der auf geringen

Trick 17:
Die Z 1300 verfügt am linken Seitendeckel über einen gut versteckten Zentralschalter für die Elektrik.

Ölstand in Form von Lagerschäden allergisch reagierende Motor bereits im zweiten Modelljahr eine vergrößerte Ölwanne, die den Schmiermittel-Vorrat von 4,5 auf 6,2 Liter anhob. Zur besseren Kontrolle wurde am Kupplungsdeckel obendrein ein Schauglas angebracht. Im Jahr 1981 entfiel zudem der mechanische Fliehkraftregler, und die Z 1300 A3 erhielt eine elektronisch gesteuerte Zündverstellung. Vereinzelt feststellbaren hohen Ölverbräuchen begegnete Kawasaki danach noch mit dem Einbau verbesserter Kolben, und das Fahrwerk erhielt luftunterstützte Federbeine.
Gründlich überarbeitet wurde die Z 1300 im Jahr 1983 und nannte sich fortan Z 1300 DFI, wobei DFI für »digital fuel injection« steht. Die drei Doppelvergaser hatten ausgedient, nun übernahm eine computergesteuerte Einspritzanlage die Gemischaufbereitung. Über einen Rechner, der unter der Sitzbank untergebracht ist, wurden Kraftstoffmenge und Zündzeitpunkt abhängig von der Motor- und Außentemperatur sowie vom herrschenden Umgebungs-Luftdruck, der Motor-Drehzahl und der Drosselklappen-Stellung ermittelt. Das Ergebnis war ein noch kultivierterer Motorlauf und in der offenen

Kraftprotz:
In der DFI leistet der Z 1300-Motor stramme 120 PS. Die wahre Stärke des wassergekühlten Sechszylinders liegt aber in seiner konkurrenzlosen Laufkultur.

Version eine Spitzenleistung von 120 PS. Zudem konsumierte die Z 1300 DFI - auch aufgrund der integrierten Schubabschaltung - deutlich weniger Sprit und zeigte ein besseres Kaltstart-Verhalten. Bestandteil der Änderungen war auch eine neue Kurbelwelle mit nun gemeinsam auf dem rechten Kurbelwellenstumpf sitzendem Generator und Zündanlage.

Technische Daten

Motor und Getriebe	
Bauart	4-Takt/ Reihe flüssigkeitsgekühlt
Zylinderzahl	6
Ventile je Brennraum	2
Bohrung in mm	62
Hub in mm	71
Hubraum in cm3	1286
Verdichtung	9,9:1 (DFI: 9,3:1)
Leistung in PS/Nenndrehzahl in 1/min	100 PS (74 kW) (DFI: 120 PS (88 kW)) bei 7500/8000/min
Gemischaufbereitung	
Bauart/Anzahl	Doppel-Vergaser/3, DFI: Kraftstoff-Einspritzung
Hersteller	Mikuni
Venturi-Durchmesser in mm	32
Kraftübertragung	
Getriebe/ Anzahl Gänge	Klauen/5
Primärübersetzung	k. A.
1. Gang	k. A.
2. Gang	k. A.
3. Gang	k. A.
4. Gang	k. A.
5. Gang	k. A.
6. Gang	k. A.
Sekundärübersetzung	k. A.
Sekundärantrieb	Kardanwelle
Elektrische Anlage	
Generatorleistung in Watt	224 (DFI: 390)
Betriebsspannung in Volt	12
Zündung	Batterie-Spulen
Fahrwerk	
Rahmenbauart	Stahlrohr-Doppelschleifen-Rahmen
Radführung vorne	Telegabel
Federweg vorne in mm	200
Radführung hinten/Federbeine	Schwinge/ 2
Federweg hinten in mm	105
Radstand in mm	1580
Räder und Bremsen	
Felgengröße vorne	2.15" x 18"
Felgengröße hinten	3.00" x 17"
Bereifung vorne	110/90 V 18
Bereifung hinten	130/90 V 17
Bremse vorne/Durchmesser in mm	Doppelscheibe/260
Bremse hinten/Durchmesser in mm	Scheibe/250
Maße und Gewichte	
Länge in mm	2310
Breite in mm	790
Sitzhöhe in mm	800
Gewicht in kg	317 (ab 1982: 322) (vollgetankt)
Tankinhalt in Litern	21 (ab 1982: 27)
Fahrleistungen	
Höchstgeschwindigkeit langliegend	208 (DFI: 217) km/h
Preis	12.230 DM (1979)

Laverda 750 SFC

TAGE DES DONNERS

Mit ihrem Renn-Megaphon ist sie heute der Schrecken jedes Phonmessgerätes – und war vor rund 30 Jahren die Mehrzweckwaffe gegen starke japanische Vierzylinder: Laverdas 750 SFC.

Im Hinblick auf die Fahrdynamik mußten Vierzylinderpiloten Mitte der 70er Jahre so manche Schmach erdulden. Denn obwohl die Kawasaki Z1 mit 79 und wenig später die Z 900 mit 82 PS leistungsmäßig das Maß der Dinge darstellten, war weder in Sachen Topspeed noch beim Kurvenräubern auf der Landstraße irgendein Kraut gegen einen supersportlichen italienischen Zweizylinder vom Schlage einer Laverda 750 SFC gewachsen.
Mit 75 PS Leistung bei 7500/min angegeben,

Rennmaschine mit Straßenzulassung: Die Laverda 750 SFC ist nur notdürftig für den Strassenverkehr zurechtgemacht. Im Grunde ist sie ganz und gar eine Maschine für die Rennstrecke.

schaffte die in 549 Exemplaren von 1971 bis 1976 gebaute Laverda 750 SFC auf den Papieren stolze 220 km/h und bewegte sich auch in der Realität durchaus im Bereich von 215 bis 220 km/h. Weitaus weniger Gewicht – die Laverda brachte trocken 185 Kilogramm auf die Waage – sorgte überdies für spürbar mehr Agilität auf kurvenreichen Landstraßen, als es die dicken japanischen Vierzylinder zu vermitteln vermochten. Last but not least setzte der italienische Twin zu dieser Zeit mit seinem steifen und spurstabilen Fahrwerk auch im Bereich der Höchstgeschwindigkeit eine klare Referenzmarke. Kaum verwunderlich also, daß so gut wie jeder sportlich enthusiasmierte Motorradfahrer ein Auge auf das Kult-Bike aus Breganze warf – und heute noch gerne wirft.

Eine Bereicherung für jedes gepflegte Zweirad-Mu-

Spartanisch:
Ein großer Veglia-Drehzahlmesser und ein kleiner, verschämt angebauter Tachometer. Mehr braucht's im Cockpit der Laverda 750 SFC nicht.

Mega-Sound:
Das Renn-Megaphon ist eines der Erkennungsmerkmale der 750 SFC und vermag die Lebensäusserungen des Zweizylinders nur marginal zu dämpfen.

seum wäre zweifellos das Exemplar von Ulrich Kolb aus dem schwäbischen Oberwälden (bei Göppingen), der die »Electronica«-Version von 1975 mit der elektronischen Bosch-Zündanlage und dem kleineren Zündungsdeckel links am Motorgehäuse seit neun Jahren hegt, pflegt und vor allen Dingen artgerecht bewegt. Davon kann so mancher Fahrer eines neumodischen Plastik-Sportlers ein Lied singen, denn Kolb betrachtet seine SFC als ausgesprochene Fahrmaschine und nicht als heilige Kuh, die es ausgesprochen behutsam über kurvenreiche Landstraßen zu führen gilt. »Wichtig ist mir schon, daß sie auch optisch einwandfrei dasteht, aber die Funktionalität ist doch oberstes Gebot«, stellt der DiplomIngenieur fest, der sich beruflich mit Klimaanlagen befasst. Die ursprünglich verbaute

Bosch-Zündung ersetzte Kolb übrigens durch eine moderne Digital-Einheit, die Eingriffe in die Zündverstellkurve und damit die optimale Anpassung an das Zweizylinder-Triebwerk erlaubt.
»Geboren« wurde die Laverda 750 SFC 1971. Angesichts zahlreicher Sporterfolge mit dem SF-Zweizylinder – die Breganzesi gewannen ein 24 Stunden-Rennen im holländischen Oss und belegten bei den 24 Stunden-Klassikern Bol d`Or sowie Montjuich jeweils Platz zwei – entschloss sich das Werk, den Laverda-Fans eine Renn-Replica anzubieten, und folgerichtig stand das »C« hinter »SF« für nichts anderes als »Competizione«, also für »Wettbewerb«. Nach dem Motto »der Ton macht die Musik« verwöhnt die Laverda 750 SFC mit einem bärigen Donnern aus dem Megaphon des nur spärlich schallgedämpften Paralleltwins und flott unterwegs bestätigt sie, was die Tester ihr schon vor rund einem Vierteljahrhundert bescheinigten. Spurstabil und ohne Pendelneigung zieht das italienische Chassis seine Bahn, und es leuchtet postum ein, dass die 750 SFC für Sportfahrer in der damaligen

Einfach schön:
Die Linienführung der 750 SFC wird vom langen Tank, der kurzen Sitzbank und der winzigen Halbverkleidung dominiert. Das Arrangement gibt aufregende Blicke auf die Technik frei.

Für Kenner:
Im »Registro Laverda 750 SFC Italia« hat Autor Massimo Borghesi alle jemals gebauten SFC minutiös aufgelistet. Auch die Maschine von Uli Kolb aus dem Jahrgang 1975 ist hier registriert.

Zeit schon eine gewisse Offenbarung darstellte. In den Abschnitten mit langsameren Kurven spielt die Laverda ihre guten Handlingqualitäten aus und weiß auch beim Thema Bremsen zu gefallen. »Ich verwende bei der Brembo-Doppelscheibenanlage die weichen Rennbremsbeläge«, weiß Uli Kolb, und in der Tat brauchen sich die Stopper seiner Italienerin selbst vor heute verbautem Anlagen nicht zu verstecken. Klar definiert der Druckpunkt, fein zu dosieren und kräftig und ohne Nachlassen in der Wirkung – so soll es bei diesem Motorrad sein. Uli Kolb, die Originalitätsfetischisten mögen es ihm verzeihen, ersetzte in seiner Laverda die 2.15 Zoll breite Hinterradfelge durch ein drei Zoll messendes Akront-Exemplar. »Allerdings in der klassischen Borrani-Form. So fällt's nicht so arg auf«, wie er betont. Hintergrund ist einfach die bevorzugte Bereifung des Schwaben - er schwört auf den Metzeler ME1, einen Sportreifen, der gerade in der weichen Mischung prächtig für flotte Umtriebe taugt. Über-

Praktisch und gut:
Die Rechtsschaltung der 750 SFC wird von einer Wippe ergänzt, die die Schaltvorgänge vor allem in großer Schräglage erheblich erleichtert.

dies widmete Kolb auch den Federelementen viel Aufmerksamkeit. »Ich spiele gerne mit Federn und Ölen, achte auf möglichst geringe Losbrechmomente und suche so nach der perfekten Abstimmung« erzählt er und kann dabei auf einen reichen Erfahrungsschatz bauen. Früher bewegte er

die Laverda nämlich hin und wieder erfolgreich bei Clubrennen.
Für die Rennstrecke wurde die Laverda 750 SFC ursprünglich auch gebaut, denn mit ihr kommt der versierte Fahrer recht hurtig durch`s Kurvengeschlängel – auch wenn sich der Fahrer etwa mit einer schwergängigen Kupplung und starken Motor-Vibrationen abfinden muss.
Wer nun Appetit auf diesen raren italienischen Leckerbissen bekommen hat, braucht viel Glück, eine wirkliche Gute zu finden und reichlich Geld, um sie zu bezahlen. Unter 15.000 Euro ist eine 750 SFC im Topzustand heute kaum mehr zu haben.

»Musik-Verein«: Die drei italienischen Traum-750er – Ducati 750 SS, Laverda 750 SFC und MV Agusta 750 S – treffen sich mit ihren Fahrern Richard Schlotz, Uli Kolb und Willi Balz gerne zum vereinten »Musizieren«. Gemeint ist freilich die atemberaubende Klangmischung dieser drei unterschiedlichen Motorenkonzepte.

Technische Daten

Motor	
Bauart	4-Takt/Reihe
Zylinderzahl	2
Ventile je Brennraum	2
Ventiltrieb	OHC
Bohrung in mm	80
Hub in mm	74
Hubraum in cm^3	744
Verdichtung	9,8:1
Leistung in PS/Nenndrehzahl in 1/min	75/7500
Gemischaufbereitung	
Bauart/Anzahl	Rundschieber-Vergaser/2
Hersteller	Dell`Orto
Venturi-Durchmesser in mm	36
Kraftübertragung	
Getriebe/Anzahl Gänge	Klauen/5
Primärübersetzung	2,20
1. Gang	2,214
2. Gang	1,607
3. Gang	1,269
4. Gang	1,083
5. Gang	1,0
Sekundärübersetzung	2,20
Sekundärantrieb	Rollenkette
Elektrische Anlage	
Generatorleistung in Watt	150
Betriebsspannung in Volt	12
Zündung	Bosch-HKZ-Thyristor-Zündanlage
Fahrwerk	
Rahmenbauart	Doppelrohrrahmen aus Stahl ohne Unterzüge mit Motor als tragendem Element
Radführung vorne	Ceriani-Telegabel
Federweg vorne in mm	140 mm
Radführung hinten/Federbeine	Schwinge/2
Federweg hinten in mm	90
Radstand in mm	1460
Räder und Bremsen	
Felgengröße vorne	2.15" x 18"
Felgengröße hinten	3.00" x 18" (2.15" x 18" Serie)
Bereifung vorne	100/90-18
Bereifung hinten	120/80-18
Bremse vorne/Durchmesser in mm	Doppelscheibe/280
Bremse hinten/Durchmesser in mm	Einzelscheibe/280
Maße und Gewichte	
Länge in mm	2100
Breite in mm	680
Höhe in mm	1125
Sitzhöhe in mm	750
Gewicht in kg	185 (trocken)
Tankinhalt in Litern	25
Fahrleistungen	
Höchstgeschwindigkeit langliegend in km/h	215 (Werksangabe)
Preis	1.687.400 Lire (1975)
Hersteller	Moto Laverda, Breganze (Vicenza), Italien

Motodd-Laverda 1200 Mk 3

BREGANZER BIEST

BIEFFE
MOTODD
SAXON
1000
LAVERDA

Laverdas luftgekühlte Dreizylinder-Motorräder aus den Siebzigern waren dicke Brocken - echte Männer-Motorräder meinen die einen, »rausgefeilte Eisenhaufen«, witzeln andere. Ein Engländer hatte sich einer massigen 1200 cm^3-Donna aus Breganze angenommen und sie zum waschechten Sportler umgestylt.

Größer, stärker, schneller: Spätestens seit dem Erscheinen von Hondas CB 750 Four hatte das Motorrad als pures Alltagsmuli ausgedient: Schwachbrünstige Mopeds im Einheitslook konnte man allenfalls noch blassen Milchbubs andrehen, großvolumige Fun- und Freizeitgeräte waren im Trend. Hatte sich Laverda-Chef Francesco Laverda noch 1966 gegen die Pläne seines Sohnes, einen großvolumigen Twin zu entwickeln, gewehrt, so überzeugte ihn die Nachfrage nach der 750-Zweizylinder. 1972 wurde die erste dreizylindrige Laverda vorgestellt, und um am Ball

Seltenes Stück:
Laverda-Experte Andy Wagner besitzt eine der sehr seltenen Motodd-Laverda. Das Tuningbike entstand seinerzeit in England.

Dank günstigerer Schwerpunktlage, geringerem Gewicht und moderner 17 Zoll-Räder eignet sich der Drilling nun auch für sportliche Umtriebe in kurvigem Terrain.

Atmungsaktiv:

Anstatt der serienmäßigen 32er-Vergaser darf der modifizierte Dreizylinder in der Motodd-Laverda durch 36er-Schlünde atmen.

zu bleiben, entschieden die Breganzer, den 1000er-Motor weiter aufzublasen: 1116 cm^3 erreichten die Techniker aus der Via Mazzini 39 durch 5 Millimeter mehr Bohrung. Das neue Laverda-Flagschiff, großzügig Laverda 1200 getauft, sollte aber kein Sport-Kraftprotz werden, sondern ein Allrounder mit Elastizität und kultivierter Leistungsentfaltung - so wollte es der Firmengründer, ehe er grünes Licht zur Produktion gab.

Wie im Motor der 1000 3 CL arbeitete die Kurbelwelle des Reihen-Dreizylinders nicht mit 120 Grad Versatz: Die beiden äußeren Kolben bewegten sich gleichzeitig auf und ab, das Pleuel des mittleren Zylinders jedoch war um 180 Grad versetzt. Die Breganzer Techniker versprachen sich davon enormen Bumms aus niedrigen Drehzahlen, das rhythmische Stampfen mit mehr Vibrationen und schlechteren Rundlaufeigenschaften nahmen sie dafür in Kauf. Die Ventile wurden an beiden, obenliegenden Nockenwellen über Tassenstössel betätigt. 86 PS sollten dem 247 Kilogramm-Boliden ausreichen, knapp über 200 km/h ging der Norditaliener mit Doppelschleifenrahmen. Attestierte Hans-Peter Leicht der neuen Laverda beim ersten *MOTORRAD*-Fahreindruck noch »das Zeug, ihren italienischen Konkurrenten den Rang streitig zu machen«, so wich 1979 das Ergebnis seiner Kollegen im direkten Vergleich gegen Moto Guzzis Le Mans 3 und Ducati 900 SS deutlich davon ab: Nicht nur, dass von den angegebenen 86 PS auf Fritz Eglis Rollenprüfstand nur magere 50 übrigblieben, auch fahrwerkstechnisch war die Testcrew von der 1200er nicht gerade begeistert. »Blass bleibt«, so schrieb Peter Limmert, »die Maschine aus Breganze wohl vor allem deshalb, weil der hohe Schwerpunkt des Motors und die insgesamt recht hohe Sitzposition beherztere Gangart wegen beginnender Pendelneigung nicht geraten erscheinen ließen.«
Hatte das starke, sportliche Zweizylinder-Bike 750 SFC im Motorrad-Langstreckenrennsport der Siebziger Akzente gesetzt, so konnten weder die 1000er noch die 1200er daran anknüpfen, wenn auch 1976 und 1979 Laverda-Triples noch Siege im Serienmeisterschafts-Classment einfuhren. Ein besonders ehrgeiziger, britischer Privatfahrer namens Dennis Vaughan erkundigte sich im Frühjahr 1980 bei Philipp Todd, einem rennsportbegeisterten Laverda-Händler und -Tuner, ob er ihm ein wettbewerbsfähiges Dreizylinder-Bike aufbauen könnte. »Dennis war kein schlechter Fahrer und hatte mit seiner Serien-Jota bis dahin schon einige Rennsie-

Extrem auffällig: Die Motodd-Laverda ist ein echter Hingucker. Ihr Dreizylinder leistet stramme 114 PS aus 1116 Kubikzentimetern Hubraum.

ge verbuchen können«, erinnert sich der damals in Whyteleafe, Surrey ansässige Laverda-Spezialist. »Er wollte unbedingt einen Gitterrohrrahmen nach Ducati-Strickmuster. Ich und mein Partner Martin Routley sind dann rüber zu Nigel Hills Mini-Rennschmiede Saxon Racing und baten ihn, zwei Rahmen-Prototypen nach unseren Vorgaben zu bauen. Den Rest und alle notwendigen Halterungen haben wir angebracht, und Vaughan erhielt seinen Renner, den wir Motodd tauften, rechtzeitig zum Saisonstart.« Den zweiten Rahmen machte Todd sich zum privaten Gebrauch selbst fertig - als Café-Renner sozusagen - und baute einen aufgebohrten 1200er Motor ein, der aber schon Laverdas neue Kurbelwelle mit 120 Grad Hubzapfenversatz besass. »Das Bike war ganz schön schnell, hatte aber enorme Hochfrequenz-Vibrationen«, erklärt der Tuner. Obwohl Vaughan selbst im Herbst 1980 auf seiner

Moderne Zeiten:
Die torsionssteife Schwinge mit Unterzügen stützt sich über ein Zentralfederbein mit Hebelumlenkung gegen den Rahmen ab.

Aufgerüstet:
An die Stelle der bekannten Brembo-P08-Zweikolbenzangen treten hier moderne Vierkolbensättel nebst schwimmend gelagerten Scheiben.

Motodd einen Unfall hatte, erkundigten sich zahlreiche Laverda-Besitzer nach Todds und Routhleys ungewöhnlicher Kreation. Die beiden fertigten, als sie genügend Anfragen beisammen hatten, ihr Gitterrohr-Fahrwerk in Kleinserie und verbesserten es Schritt für Schritt. »An den ersten Versionen schraubten wir die Motoren noch stumpf an die Rahmenrohre, und an der Kastenschwinge saß ein »straight push«-Monoshock-Stoßdämpfer, ab Herbst 1981 haben wir dann Aufnahmen für Silentblöcke angeschweißt«, versichert der Laverda-Händler, der jetzt in Lincolnshire, aber immer noch mit Volldampf an Laverdas arbeitet (Todd Laverda, Tel. 00 44 1507 480 706).
Der kleine »Motodd«-Zweimannbetrieb schraubte bis 1987 zirka 40 dieser Spezial-Laverdas aus Reynolds 531-Rohr zusammen. Andy Wagners Motorrad hier ist eine von 20 Motodd Mk 3 und in Deutschland zweifellos einzigartig. Auf einem Treffen der britischen Laverda Clubs geriet der 37Jährige an einen französischen Enthusiasten, dessen Kumpel Charles Laurent das orange Dreizylinderbike zum Kauf anbot. Laurent selbst, Techniker bei Frankreichs jüngster Motorradschmiede Voxan, hatte die 210 Kilogramm schwere Maschine lange besessen und vor Jahren zu Klumpp gefahren, aber aufwändig mit einem 100.000 Francs-Budget wieder zum Leben erweckt. Die 180 Grad-Kurbelwelle wurde auf hochverdichtete (10 :1) Asso-Kolben und Carillo-Pleuel fein gewuchtet, der Zylinderkopf erhielt seinen Feinschliff an der Flow Bench: An den erleichterten Tassenstösseln arbeiten zwei Joyce-Cam Nockenwellen, Einlassventile mit satten 41 Millimeter Tellerdurchmesser ersetzen die Originalteile. Damit der 1200er-Motor richtig atmen konnte, wechselte Charles die 32er Vergaserbatterie gegen drei 36er Dell´Ortos aus. Den hübschen Heckbürzel im SFC-Stil mit integriertem Batteriekasten modellierte der Erstbesitzer aus St. Genes-Champanelle in Eigenregie. Auch die komplette VA-Auspuffanlage entwickelte der Franzose, der noch sieben weitere Bikes aus Breganze besitzt, selbst - geformt wurde sie mit Hilfe von Geschäftskollegen und Formel 1-Technik. »Die Armaturen und Instrumente stammen von der SFC 1000, die kompakte Rastenanlage von der 1000er Jota«, erklärt der jetzige Besitzer aus Konstanz, der als Schrauber nicht umhin konnte, seine Neuerwerbung 1999 weiter zu verbessern. Er verbaute eine eigens entwickelte Ölpumpe mit 10 Millimeter breiten Zahnrädern, die in alle Laverda-Dreizylinder passt, der zusätzliche Feinfilter besitzt ein pfiffiges Ventil - gegen das übliche Leerlaufen von Ölkühler und -schläuchen. Anstelle der originalen Brembozangen kneifen vorne jetzt zwei Vierkolbenzangen in die schwimmend gelagerten 300 Millimeter-Scheiben, dirigiert von einem Nissin-

Fein gemacht:
Knuffige Schalldämpfer, Ausgleichsbehälter für's Federbein und ansonsten ein sehr sachlicher, funktioneller Aufbau.

Hauptbremszylinder. Dank 17-Zoll-Akrontfelgen, die in aus dem Vollen gefrästen Eigenbau-Naben eingespeicht sind, wurde der Schwerpunkt des massigen Aggregats abgesenkt - diese dicke Breganzerin kennt kein Pendeln und kann flott durchs Bodensee-Hinterland gescheucht werden. Das Hinterrad stützt sich per Saxon-Federbein mit Pro-Link-Aufhängung am Rahmen ab und sorgt mit einem 150/60-17 Pneu dafür, dass die 114 PS sicher auf die Strasse kommen: Soviel bescheinigte der Voxan-Rollenprüfstand dem flotten Dreier bei Drehzahl 8460. Wer's nicht glaubt, kann dem Besitzer und leidenschaftlichen Laverda-Schrauber gern einen Besuch abstatten - Voranmeldung genügt (Tel. 07531/61198, Fax 53737, www.laverda-paradies.de).

Technische Daten

Motor	
Bauart	4-Takt/Reihe
Zylinderzahl	3
Ventile je Brennraum	2
Ventiltrieb	DOHC
Bohrung in mm	80
Hub in mm	74
Hubraum in cm3	1116
Verdichtung	10:1
Leistung in PS/Nenndrehzahl in 1/min	114/8640
Gemischaufbereitung	
Bauart/Anzahl	Zentralschieber-Vergaser mit Beschleunigerpumpe
Hersteller	Dell´Orto
Venturi-Durchmesser in mm	32, auf 36 aufgebohrt
Kraftübertragung	
Getriebe/Anzahl Gänge	Klauen/5
Primärübersetzung	2,1
1. Gang	2,619
2. Gang	1,883
3. Gang	1,374
4. Gang	1,173
5. Gang	1,0
Sekundärübersetzung	2,1
Sekundärantrieb	Rollenkette
Elektrische Anlage	
Generatorleistung in Watt	150
Betriebsspannung in Volt	12
Zündung	DMC-2, elektronisch
Fahrwerk	
Rahmenbauart	Saxon-Racing-Gitterrohrahmen aus Reynolds 531-Stahl
Radführung vorne	Marzocchi-Telegabel, Standrohr-Durchmesser 38 mm
Federweg vorne in mm	k.A.
Radführung hinten/Federbeine	Kastenschwinge, Saxon-Zentralfederbein mit Ausgleichsbehälter und Umlenkung
Federweg hinten in mm	k.A.
Radstand in mm	1486
Räder und Bremsen	
Felgengröße vorne	3.50" x 17"
Felgengröße hinten	3,50" x 17"
Bereifung vorne	120/70-17
Bereifung hinten	150/60-17
Bremse vorne/Duchmesser in mm	Dopelscheibe/300
Bremse hinten/Durchmesser in mm	Einzelscheibe/280
Maße und Gewichte	
Länge in mm	2090
Breite in mm	550
Höhe in mm	1100
Sitzhöhe in mm	730
Gewicht in kg	210 (vollgetankt)
Tankinhalt in Litern	15
Fahrleistungen	
Höchstgeschwindigkeit langliegend	circa 230 km/h
Preis	650 Pfund (Motodd-Rahmenkit MK 1 1981)

Moto Guzzi V 7 Sport

SPORT-FÖRDERUNG

MOTO GUZZI

Von wegen Stationärmotor oder Betonmischer-Antrieb: Diese Guzzi machte dem Zusatz »Sport« hinter ihrer sachlichen Typenbezeichnung wirklich alle Ehre.

S Sportliche italienische Motorräder hatten rank und schlank zu sein, meistens mit Einzylinder- aber auch schon mit Zweizylindermotor, keinesfalls aber mit zuviel Hubraum. Denn ein dickes Ding hätte ja gar nicht zum zierlichen Erscheinungsbild, geprägt durch schmale Reifen samt Schutzblechen, dünner Teleskopgabel, kleinem, langgestrecktem Tank und schmaler Sitzbank, gepasst.

Doch gegen Mitte der sechziger Jahre sollte sich das ändern, begannen auch die italienischen Motorradhersteller kräftig aufzurüsten. Bei Moto Guzzi war es die V 7, vorgestellt im November 1965 auf der Mailänder Motorradausstellung. Es war ein richtiger Brocken, rund fünf Zentner schwer, mit V-Zweizylindermotor (Bohrung x Hub 80 x 70 mm, Hubraum 704 cm^3) und mit Gelenkwellen-Kraftübertra-

Von wegen Betonmischer:
Mit seinen 62 PS erlaubte der V7 Sport-Antrieb flotte Umtriebe und verhalf der ersten großen Sport-Guzzi zu knapp 190 km/h Höchstgeschwindigkeit.

Immer wieder schön. Aus welchem Winkel man eine Guzzi auch betrachtet – stets dominiert einer der beiden mächtigen Zylinder die Kulisse.

Drastisch geändert: Im Gegensatz zu den frühen 750ern sitzt die Lichtmaschine nun vorne auf dem Kurbelwellenstumpf und nicht mehr oberhalb des Kurbelhauses.

gung zum Hinterrad. 50 PS, gemessen nach SAE-Norm (also ohne Ansaug- und Auspuffgeräuschdämpfung und ohne Nebenaggregate), wurden angegeben. Nach DIN-Norm sollten davon noch 42 PS bei 6250/min übrigbleiben.

Dass aus diesem braven Ackergaul auch ein richtiges Rennpferd werden könnte, ahnte damals noch niemand. Doch vor allem die Konkurrenz im eigenen Land machte Guzzi zu schaffen, besonders Ducati und Laverda, die ebenfalls Motorräder für die 750er-Klasse bauten und dank ihrer schmalen Zweizylindermotoren eine rassig-schlanke, sportliche Linienführung viel besser verwirklichen konnten.

Im Sommer 1969 bewieß Guzzi in Monza, dass eine V 7 alles andere als eine lahme Krücke war. Mit einer entsprechend zurecht gemachten V 7 Special fuhr Vittorio Brambilla neue Rekordwerte über zehn und 100 km sowie über eine Stunde, wobei bei letzterem Kriterium sogar 214,454 km/h Durchschnittsgeschwindigkeit erreicht wurden. Von der Leistung her war also alles in Ordnung, doch optisch war diese Rekord-Guzzi beileibe keine Schönheit. Und auch am Handling - auf dem Hochgeschwindigkeitskurs von Monza eher weniger wichtig - musste noch kräftig gefeilt werden. Letztendlich wurde Ende 1970 beschlossen, mit einem frischen Blatt Papier auf dem Zeichentisch anzufangen.

War beim V 7-Motor der Gleichstrom-Generator (Dynamo) noch oberhalb des Kurbelhauses angeordnet und über einen Keilriemen angetrieben, so saß am neuen Motor für die V 7 Sport nun ein Drehstrom-Generator vorn auf dem Kurbelwellenstumpf, was schon mal half, den Gesamtschwerpunkt abzusenken. Außerdem waren mögliche Riemen-Probleme vom Tisch, die mit zunehmender Drehzahl aufgekommen wären. Denn der Sport-Motor sollte eine um etwa 1000/min höhere Nenndrehzahl haben, weshalb in der Gussform für das

neue Kurbelgehäuse auch gleich Versteifungsrippen vorgesehen waren und der Vorrat an Motoröl auf 3,5 Liter erhöht wurde. Das Getriebegehäuse wurde von der V 7 Special übernommen (allerdings mit fünf statt vier Fahrstufen drin), ebenso die Zwei-Scheiben-Trockenkupplung, der Sekundärantrieb samt Hinterachs-Antriebsgehäuse.
Beim Rahmen hatte sich Konstrukteur Lino Tonti an die Maße des V 7 Special-Rahmens gehalten, was Lenkkopfwinkel und Radstand betraf, ansonsten legte er Wert auf durchweg geradlinige Rohre bis auf eine Ausnahme: die abnehmbaren Unterzüge. Neu waren auch die Teleskopgabel und die Bremsen, vorn eine Doppelduplex-, hinten eine Duplexbremse, Trommeldurchmesser jeweils 220 mm und Belagbreite 25 mm.
Die sportliche Optik mit den beiden charakteristischen, schwanenhalsförmigen, an den Standrohren festgeklemmten und höhenverstellbaren Lenkerstummeln wurde durch die limonengrüne Farbe auf Krafstoffbehälter und Seitenverkleidungen und natürlich durch den rotlackierten Rahmen hervorgehoben. Von der Seite wirkte die V 7 Sport langgestreckt, direkt von vorn und von etwa Radhöhe aus betrachtet dagegen geduckt und kompakt - und trotz der Guzzi-typisch »hochgeklappten« Zylinder durchaus noch schmal.
Auf dem Mailänder Salon im Oktober 1971 war die Maschine die Attraktion der Motorradausstellung. Doch erst zum Frühjahr 1972, so der damalige Guzzi-Importeur für Deutschland, Fritz Röth, sollte sie zu haben sein - was manchem Interessenten gar nicht so unrecht gewesen sein mag. Denn es galt, das nötige Kleingeld erst einmal anzusparen. Eine BMW R 75/5 kostete damals noch nicht einmal 6000 Mark, eine Honda CB 750 auch nur 6600 Mark, und als bei Röth im Odenwald-Städtchen Hammelbach endlich die ersten V 7 Sport angeliefert wurden, war pro Exemplar die stolze Summe von 8360 Mark fällig.

Niedrig und gedrungen: Durch ihre geduckte Haltung wirkt die V7 Sport bereits im Stand richtig schnell. Ihr quicklebendiger Motor und die gute Handlichkeit bescherten italienische Lebensfreude auf zwei Rädern.

Alles da:
Tacho, Drehzahlmesser, ein paar Kontroll-lämpchen – fertig ist das auf das unbedingt Notwendige beschränkte V7-Cockpit.

Um die Motorleistung gab es, wie für jedes italienische Motorrad zu jener Zeit typisch, die wildesten Gerüchte. Von 68 bis 72 PS schwankten die Angaben, die italienische Fachzeitschrift *Motociclismo* legte sich schließlich auf 70 CV (cavalli) bei 7000/min fest. Und für die deutsche V 7 Sport-Ausführung sollten es nach DIN-Messmethode immer noch respektable 62 PS bei 7250/min sein, gegenüber dem Ur-Motor aus der V 7 also immerhin rund 40 Prozent Leistungszuwachs.
Wäre mit einer V 7 Sport also die 200 km/h-Grenze zu knacken? Bei 7300/min begann der rote Bereich auf dem Drehzahlmesser, und das wären im ersten Gang 85, im zweiten Gang 120, im dritten Gang 150 und im vierten Gang 185 km/h gewesen. Und im Fünften drehte der Motor unter *Motociclismo*-Testfahrer Nico Cereghini im winterlich kalten Monza tatsächlich noch rund 100/min in den roten Bereich, was mit 206 km/h Höchstgeschwindigkeit belohnt wurde. Für die Beschleunigung von Null auf 100 km/h wurden »nur« 4,5 Sekunden gemessen, für den Sprint über die Viertelmeile aber respektable 13 Sekunden. »So ein V-Zweizylindermotor packt nun mal vom Start weg nicht so brutal zu wie ein Vierzylinder oder ein Zweitakter«, befand der Tester. »Doch schon nach einem Kilometer, und das ist eigentlich das Bemerkenswerte, ist diese Guzzi schon fast 200 km/h schnell.«
Auch abseits gut ausgebauter Fernstraßen machte die V 7 Sport trotz fast anderthalb Metern Radstand und randvoll getankt etwa viereinhalb Zentner schwer, immer noch eine gute Figur. Da war zum einen der im Vergleich zur V 7 quicklebendige und drehfreudige Motor, der beim abrupten Gaswegnehmen die Bremsen zusätzlich unterstützte. Die Bereifung hatte ebenfalls entscheidenden

Anteil an der überraschenden Handlichkeit. Auf die Leichtmetall-Hochschulterfelgen mit 18 Zoll Durchmesser war vorn ein 3,25 Zoll, hinten ein 3,5 Zoll breiter Reifen aufgezogen, während bei der Konkurrenz Vierzöller auf dem Hinterrad längst Usus waren. Einen kleinen Nachteil hatte die »Schmalspur«-Bereifung: Bei forscher Fahrweise war das Profil des Hinterreifens oft schon nach 2000 km bis zum Limit abradiert. Guzzi hatte als Erstausrüstung für die V 7 Sport übrigens Michelin-Reifen gewählt, und während diese auf trockener Bahn von den Testern zwar als gut befunden wurden, so sah die Sache bei Nässe doch anders aus. Nico Cereghinis Urteil: »hoffnungslos.«

Die V 7 Sport-Produktion kam bei Guzzi in Mandello del Lario viel zu langsam in Gang, und mancher, der sich trotz des vergleichsweise hohen Preises dafür entschieden hatte, musste auch noch lange warten. Und die Konkurrenz schlief auch nicht. Natürlich wäre für einen Fan italienischer Motorräder eine immerhin rund 3000 Mark billigere Kawasaki H 2 mit bärenstarkem, aber zweitaktendem Dreizylinder-Reihenmotor nie in Frage gekommen. Als auf der IFMA im Herbst 1972 Kawasaki aber die 79 PS starke 900er Z1 vorstellte und diese auch noch deutlich weniger kosten sollte, muss mancher schwach geworden sein. Zumal anfang 1973 der Preis für eine V 7 Sport schon auf 8800 Mark angehoben wurde.

Bei Guzzi entstand sie in aufwändiger, zeitraubender und deshalb entsprechend teurer Handarbeit. Und verschenkt werden konnte eine V 7 Sport doch nun wirklich nicht. Noch bis Jahresende 1973 wurde die Produktion aufrecht erhalten, insgesamt waren es nur 3691 Exemplare. Die 750 S - und erst recht die 750 S 3, mögen würdige Nachfolger gewesen sein, doch ein bisschen fehlte das Flair einer V 7 Sport. Für richtig Aufsehen sollte erst wieder eine Guzzi mit der Typenbezeichnung »Le Mans« sorgen.

Technische Daten

Motor und Getriebe	
Bauart	4-Takt/V, fahrtwindgekühlt
Zylinderzahl	2
Ventile je Brennraum	2
Bohrung in mm	82,5
Hub in mm	70
Hubraum in cm3	748
Verdichtung	9,8:1
Leistung in PS/Nenndrehzahl in 1/min	62 PS (46 kW) bei 7250/min
Gemischaufbereitung	
Bauart/Anzahl	Rundschieber-Vergaser/ 2
Hersteller	Dell'Orto
Venturi-Durchmesser in mm	30
Kraftübertragung	
Getriebe/ Anzahl Gänge	Klauen/ 5
Primärübersetzung	1,38
1. Gang	1,80
2. Gang	1,26
3. Gang	0,95
4. Gang	0,79
5. Gang	0,68
6. Gang	-
Sekundärübersetzung	4,63
Sekundärantrieb	Kardanwelle
Elektrische Anlage	
Generatorleistung in Watt	180
Betriebsspannung in Volt	12
Zündung	Batterie-Spulen
Fahrwerk	
Rahmenbauart	Stahlrohr-Doppelschleifen-Rahmen
Radführung vorne	Telegabel
Federweg vorne in mm	120
Radführung hinten/Federbeine	Schwinge/ 2
Federweg hinten in mm	70
Radstand in mm	1470
Räder und Bremsen	
Felgengröße vorne	2.15" x 18"
Felgengröße hinten	2.15" x 18"
Bereifung vorne	3.25 H 18
Bereifung hinten	3.50 H 18
Bremse vorne/Durchmesser in mm	Trommel/ 220
Bremse hinten/Durchmesser in mm	Trommel/ 220
Maße und Gewichte	
Länge in mm	2165
Breite in mm	700
Sitzhöhe in mm	750
Gewicht in kg	210 (trocken)
Tankinhalt in Litern	19
Fahrleistungen	
Höchstgeschwindigkeit langliegend	190 km/h
Preis	8800 DM (1973)

Moto Guzzi 850 Le Mans I

TOPF-ARBEITER

850 Le Mans

Die sportliche Tradition der Moto Guzzi 750 S3 setzte die 850 Le Mans 1976 fort. Auch hier trumpfte der italienische Hersteller mit viel Leistung und Drehmoment aus zwei Zylindern auf und spendierte außerdem ein Integral-Bremssystem.

Das hartnäckige Festhalten am Konzept großvolumiger Zweizylinder-Modelle führte zur 850 Le Mans I aus dem Jahre 1976. Mit ihr fand die lange sportliche Tradition im Haus Moto Guzzi zu einem neuen Höhepunkt. Bei diesem sportlichen Modell bewährte sich derselbe Doppelschleifen-Rohrrahmen wie bei den Tourenmaschinen 850 T3, 850 T3 California und 1000 I-Convert, und auch das Motorgehäuse offenbarte auf den ersten Blick enge Verwandtschaft zu den eher behäbigen Produkten aus der italienischen Manufaktur in Mandello del Lario. Sportlichkeit signalisierte hingegen die niedrige, gedrungene Erscheinung und die schlanke, elegante Linie der Le Mans, und ein Blick ins Datenblatt verrät schnell, dass es sich seinerzeit dabei keineswegs um Augenwischerei handelte.

Gegenüber dem sportiven Vorgängermodell, der 750 S3, erhielt die 850 Le Mans I fast 100 Kubikzentimeter mehr Hubraum, erreicht durch 0,5 Millimeter mehr Zylinderbohrung sowie acht Millimeter mehr Hub. Dieses Plus an Zylinderinhalt sorgte neben dem längeren Hub nun endlich für die von einer Moto Guzzi zu erwartende Drehmomentstärke im unteren Drehzahlbereich. Ein Punkt, bei dem der 750 S3 stets ihre Schmalbrüstigkeit angekreidet wurde. Größere Ventile und 36er statt 30er Vergaser rundeten die Entwicklungsarbeit der Ingenieure auf der Suche nach Leistung und Drehmoment weitgehend ab und bescherten schließlich 70 PS bei 7000/min. Ein Leistungs-Wert, der in Verbindung mit 225 Kilogramm Gewicht, fahrfertig, für hervorragende Fahrleistungen sorgen sollte.

Zwei Zylinder sind genug:
Die Moto Guzzi 850 Le Mans I erlaubt mit ihrem guten Fahrwerk und dem leistungsstarken Zweizylinder-Motor eine sehr sportliche Fahrweise.

Vau in rot:
Wie bei allen V2-Moto Guzzi dominiert auch hier der mächtige 90 Grad-V-Zweizylinder das Erscheinungsbild. Doch trotz seiner Ausmasse integriert er sich harmonisch in die Linie.

Mit knapp 203 km/h Höchstgeschwindigkeit maß die Zeitschrift MOTORRAD die 850 Le Mans I 1976 in ihrem ersten Testbericht und ermittelte eine fast rekordverdächtige Beschleunigung von 3,9 Sekunden von null auf 100 km/h.
Noch mehr als diese Spitzenwerte beeindruckte die Tester aber das Fahrwerk der neuen, sportlichen Moto Guzzi. Spurstabil bis in höchste Geschwindigkeitsregionen und aufgrund des tief angesiedelten Schwerpunkts zudem mit einer hervorragenden Handlichkeit gesegnet. Gerade das also, was der Sportfahrer Mitte der 70er Jahre von ei-

Wirkungsvoll:
Bei den Bremsen vertraute Moto Guzzi auf die P08-Einheiten von Brembo und verband diese mittels Integralbremssystem zu einer sehr wirksamen Verzögerungsanlage.

nem Supersportler »made in Italy« erwartete.
Ein erfreuliches Kapitel stellten auch die Bremsen der 850er dar. Zusammen mit Brembo entwickelte Moto Guzzi ein sogenanntes Integral-Bremssystem, bei dem die vordere linke Bremse und die Hinterradbremse gemeinsam über den Fußbremshebel betätigt wurden, und der Handbremshebel die vordere rechte Bremse aktivierte. Die Abstimmung dieses Systems gelang den Ingenieuren insofern gut, als selbst bei heftigem Tritt auf den Fußbremshebel immer zuerst das hintere Rad blockierte. Die Vorhersagen der Tester, daß sich dieses System schon bald auch bei anderen Herstellern auf breiter Front durchsetzen würde, traten jedoch nicht ein.

Kombiniert betätigt:
Die hintere Scheibenbremse wird mit dem Fußpedal zusammen mit einer Bremseinheit am Vorderrad aktiviert. Die Abstimmung ist so gewählt, dass unter allen Umständen das hintere Rad zuerst blockiert.

Im Sportler-Dress:
Formgebung und Design der 850 Le Mans erinnern an die Vorgängerin 750 S3. Die Lenkerverkleidung fand sich übrigens auch bei Benelli wieder, denn beide Hersteller gehörten damals zum italienischen De Tomaso-Konzern.

Flott unterwegs:
Die 70 PS des luftgekühlten OHV-Zweizylinders beschleunigen die Moto Guzzi Le Mans I auf maximal 203 km/h.

Wie üblich:
Auch das Le Mans I-Cockpit zieren ein Tachometer und ein Drehzahlmesser. Die Ablesefreundlichkeit der Uhren ist allerdings mäßig.

Unterm Strich galt die 850 Le Mans damals fraglos als eine der schönsten Möglichkeiten, den Wunsch nach einem fahrstabilen Sportmotorrad mit italienischem Flair zu verbinden, und die Beliebtheit, die der 850 Le Mans I zuteil wurde, motivierte die zum damaligen Zeitpunkt größte europäische Motorradschmiede zu weiteren Auflagen dieser Maschine unter dem Namen Le Mans.

Den Status der Le Mans I erreichte jedoch keine ihrer Nachfolgerinnen in der Guzzi-Fangemeinde, und so sind gut erhaltene Le Mans I-Maschinen heute sehr gesuchte Exemplare, die – je nach Zustand – nur selten für weniger als 4.000 Euro zu haben sind.

Technische Daten

Motor	
Bauart	4-Takt/90 Grad-V
Zylinderzahl	2
Ventile je Brennraum	2
Ventiltrieb	OHV
Bohrung in mm	83
Hub in mm	78
Hubraum in cm^3	844,5
Verdichtung	10:1
Leistung in PS/Nenndrehzahl in 1/min	70/7000
Gemischaufbereitung	
Bauart/Anzahl	Rundschieber-Vergaser/2
Hersteller	Dell'Orto
Venturi-Durchmesser in mm	36
Kraftübertragung	
Getriebe/Anzahl Gänge	Klauen/5
Primärübersetzung	1,235
1. Gang	2,00
2. Gang	1,388
3. Gang	1,047
4. Gang	0,869
5. Gang	0,750
Sekundärübersetzung	4,714
Sekundärantrieb	Kardanantrieb
Elektrische Anlage	
Generatorleistung in Watt	280
Betriebsspannung in Volt	12
Zündung	Batterie-Spulen-Zündung
Fahrwerk	
Rahmenbauart	Doppelschleifen-Rohrrahmen aus Stahl mit abnehmbaren Unterzügen
Radführung vorne	Moto Guzzi-Telegabel
Federweg vorne in mm	125
Radführung hinten/Federbeine	Schwinge/2 Moto Guzzi
Federweg hinten in mm	80
Radstand in mm	1490
Räder und Bremsen	
Felgengröße vorne	2.15" x 18"
Felgengröße hinten	2.15" x 18"
Bereifung vorne	3.50-18 oder 100/90-18 oder 3.60-18
Bereifung hinten	4.00-18 oder 4.10-18 oder 110/90-18
Bremse vorne/Durchmesser in mm	Doppelscheibe/300
Bremse hinten/Durchmesser in mm	Einzelscheibe/242
Maße und Gewichte	
Länge in mm	2250
Breite in mm	650
Höhe in mm	1130
Sitzhöhe in mm	780
Gewicht in kg	225 (vollgetankt)
Tankinhalt in Litern	22,5
Fahrleistungen	
Höchstgeschwindigkeit langliegend in km/h	202,7 (Messung)
Preis	DM 10.560.- (1976)
Hersteller	Moto Guzzi - S.E.I.M.M., Mandello del Lario, Italien

agv

MV Agusta 750 S

GLORREICHE VIER

Der sagenhafte Rennruhm brachte der MV Agusta 750 S den Ruf der »Crème de la Crème« unter den Supersport-Motorrädern ein. Diesen Mythos hat sich die Vierzylinder-Maschine bis heute bewahrt.

Also mal ehrlich: Wie war das denn vor rund einem Vierteljahrhundert? Fünfziger fahren, auf eine Zwofuffziger sparen und von Siebenhundertfünfziger träumen und in der Clique mit dem Brustton der Überzeugung die Meinung vertreten, daß für echte Sportfahrer sowieso nur ein Motorrad in Frage komme? Irgendwie träumte doch jeder von uns davon, sich irgendwann eine MV Agusta zu kaufen. Meist scheiterten Träume dieser Art schlicht zwischen Daumen und Zeigefinger – das nötige Kleingeld fehlte. Immerhin verlangte MV Agusta für die 750 S über 2 Millionen Lire. Zuviel für die meisten Biker.

Wie weit Wunsch und Wirklichkeit – abgesehen vom finanziellen Aspekt – aber auseinanderliegen können, unterstrich die MV Agusta 750 S im Fahrbetrieb. Ihr nachzusagen, sie beziehe ihren Ruf, ein perfektes Motorrad zu sein, aus besonders hoch angesiedelten Fahrwerks- und Motorqualitäten, wäre leicht übertrieben. Auch wenn es die eingeschworene MV-Gemeinde nur ungern hört, aber zumindest im Falle der MV Agusta 750 S überlebt der Mythos die Überprüfung mit der Realität nicht immer. Zwar versprechen die Daten des luftgekühlten Vierzylinders 69 PS bei 7800/min, die für mehr als 200 km/h Höchstgeschwindigkeit gut gewesen sein sollen, doch eine Überprüfung derselben ergab schon vor mehr als 25 Jahren bei Ernst Leverkus eher ernüchternde 184 km/h. Und selbst heute vermögen ihr intime aber ehrliche Kenner der MV-

Offen und ehrlich: Vier offene Dell' Orto-Vergaser »beatmen« den wunderschön konstruierten Vierzylinder und sorgen ganz nebenbei für ein unnachahmliches akustisches Erlebnis.

Sportliches Arrangement:
Lenkerstummel, Scheinwerfer und Instrumente der MV Agusta 750 S sind sehr tief plaziert.

Materie kaum mehr als 200 km/h Maximalgeschwindigkeit zu bescheinigen. Merklich schneller wird die MV Agusta 750 S dagegen, wenn das Tuning-Register gezogen wird. So gab es etwa größere Vergaser mit 26 und 27 Millimetern Durchlass anstatt der bis 1973 verbauten 24er Exemplare. 1974 gab es die 27er in Serie, ein Jahr später waren es wieder nur noch 26 Millimeter große Einheiten, wie sie auch die auf diesen Seiten vorgestellte 750 S trägt. Nockenwellen mit deutlich mehr Hub konnten in den aufwendig gebauten Vierzylindern zudem für mehr Füllung sorgen. Und dann freilich, so sagen die Experten, schnalze der MV-Drehzahlmesser hurtig über die 9000er Marke, und die Maschine biete einen Vortrieb, wie ihn der Kunde anhand des rennsportlichen Images mit Recht erwarten durfte.

Nachgerade dürfen zwar auch Zweifel am '73er Baujahr der hier vorgestellten MV Agusta 750 S angemeldet werden, denn offiziell gab es sie erst

Aus einem Guss:
Form- und Farbgebung des Kraftstofftanks führen sich bei der Aufnahme der Instrumente an der oberen Gabelbrücke fort. Für solche »Kleinigkeiten« hatten die Italiener schon immer ein besonderes Händchen.

ab 1975 mit Scheibenbremse sowie den bereits erwähnten 26er Vergasern, doch ein wahres Schmuckstück ist sie allemal. Ob die hier beschriebene 750 S nachträglich umgebaut oder schlicht aus »Flexibilität bei der Produktion«, wie sie italienische Hersteller gerne pflegten, entstand, muss an dieser Stelle offen bleiben. Der Faszination, die die 1969 auf dem Mailänder Salon erstmals vorgestellte Vierzylindermaschine auch heute noch umweht, tut dies aber auch im vorliegenden Fall überhaupt keinen Abbruch.

Im Fahrbetrieb ist der Fahrer freilich ein wenig zwischen dem faszinierenden Mythos MV Agusta und dem realen Fahrerlebnis hin und hergerissen. Als Herausforderung stellt sich nämlich das hohe Gewicht heraus. Mit fast fünf Zentnern in vollgetanktem Zustand stempelt es die MV Agusta 750 S im

Rennsportliches Erbe:
Die gesamte Auslegung der MV Agusta 750 S erinnert stark an die erfolgsverwöhnten Grand Prix-Rennmaschinen aus eigenem Hause.

Fach Handlichkeit eher zum Durchschnittsmotorrad. CB 750 oder Z1 beherrschten diese Disziplin in ähnlicher Weise. Deutlich besser als die japanischen Vierzylinder damaliger Prägung schneidet die MV Agusta 750 S hingegen in Punkto Fahrstabilität ab. In höheren Geschwindigkeitsregionen, in denen die japanischen Großserien-Vierzylinder bereits ein rühriges Eigenleben an den Tag legen, zieht die 750 S immer noch sauber und ohne Hinterlist ihre Bahn. Wenngleich die Art der Fahrstabilität, geprägt von reichlich Gewicht auf der Frontpartie, weniger das Gütesiegel »Präzision«, sondern vielleicht eher »stoische Ruhe« verträgt. Warum die MV Agusta 750 S – wie übrigens alle anderen Vierzylinder-MV – dennoch absoluten Kultstatus erlangte, ist trotzdem rasch erklärt. Die italienischen Konstrukteure hatten es einfach geschafft, das Konzept der siegreichen Grand Prix-Rennmaschinen von Giacomo Agostini & Co in imageträchtiger Weise auf straßenzugelassene und für jedermann käufliche Maschinen zu übertragen. Mit der entspre-

Technischer Leckerbissen:
In guter MV Agusta-Tradition ist die gesamte Einheit von Kurbeltrieb, Zylinder und Zylinderkopf als komplettes Bankett vom Gehäuse trennbar. Das ermöglichte im Renneinsatz rasche Motor- und Getriebewechsel.

chenden optischen Anmutung und gleichsam aufwendiger Motorentechnik, versteht sich. Dies, zu einem hohen Verkaufspreis und in entsprechend geringer Stückzahl feil geboten, sorgte im Handumdrehen für die nachhaltige Legendenbildung der MV Agusta.

Eigentümer Willi Balz, selbständiger Finanzier für Gewerbe-Immobilien von Beruf, erstand seine MV Agusta 750 S 1993 in gutem Zustand, ließ sie jedoch »bei einem Spezialisten«, wie er sagt, äußerlich wie innerlich gründlichst revidieren. Im Fahrbetrieb fordert die 750 S Muskelschmalz von ihrem Treiber,

Technische Daten

Motor	
Bauart	4-Takt/Reihe
Zylinderzahl	4
Ventile je Brennraum	2
Ventiltrieb	DOHC
Bohrung in mm	65
Hub in mm	56
Hubraum in cm^3	743
Verdichtung	9,5:1
Leistung in PS/Nenndrehzahl in 1/min	69/7800
Gemischaufbereitung	
Bauart/Anzahl	Rundschieber-Vergaser/4
Hersteller	Dell'Orto
Venturi-Durchmesser in mm	26
Kraftübertragung	
Getriebe/Anzahl Gänge	Klauen/5 (Kassetten-getriebe)
Primärübersetzung	1,75
1. Gang	2,38
2. Gang	1,69
3. Gang	1,29
4. Gang	1,09
5. Gang	1,0
Sekundärübersetzung	0,94 x 2,666
Sekundärantrieb	Kardan
Elektrische Anlage	
Generatorleistung in Watt	135
Betriebsspannung in Volt	12
Zündung	Batterie-Spulen-Zündung
Fahrwerk	
Rahmenbauart	Doppelschleifenrohr-rahmen aus Stahl
Radführung vorne	Ceriani-Telegabel
Federweg vorne in mm	125
Radführung hinten/Federbeine	Schwinge/2 Sebac
Federweg hinten in mm	80
Radstand in mm	1390
Räder und Bremsen	
Felgengröße vorne	3.25" x 18"
Felgengröße hinten	3.25" x 18"
Bereifung vorne	3.50-18
Bereifung hinten	4.00-18
Bremse vorne/Durchmesser in mm	Doppelscheibe/280
Bremse hinten/Durchmesser in mm	Trommel/200
Maße und Gewichte	
Länge in mm	2130
Breite in mm	630
Höhe in mm	1120
Sitzhöhe in mm	760
Gewicht in kg	230 (trocken)
Tankinhalt in Litern	24
Fahrleistungen	
Höchstgeschwindigkeit langliegend in km/h	184 (Messung)
Preis	2.336.400 Lire (1973)
Hersteller	Meccanica Verghera S.p.A., Cascina Costa, Gallarate, Italien

Schmal gebaut:
Im Gegensatz zu den japanischen Vierzylindern dieser Epoche verzichtet die MV Agusta 750 S auf weit ausladende Gehäusedeckel, nicht so jedoch auf eine wundervoll klingende Vier-in-Vier-Auspuffanlage.

denn das stolze Gewicht und vor allem die kopflastige Verteilung mit reichlich Masse auf dem Vorderrad bürgen im Hochgeschwindigkeitsbereich zwar für viel Stabilität, verschlechtern aber die Handlichkeit – trotz des mit 1390 Millimetern kurzen Radstandes.
Bei forscher Gangart quittiert die Hinterhand heftiges Bremsen und gleichzeitiges Herunterschalten vor Kurven mit wüstem Stempeln. Hier rächt sich der scheinbare Hang des Conte Agusta zu Kraftübertragungen aller Art in Form von Zahnrädern, in diesem Fall durch die eingeleiteten Momente des Kardanantriebes und die daraus resultierende Verhärtung der Hinterradfederung. Wer jedoch etwas Erfahrung im Umgang mit BMW besitzt, weiß hingegen die kurzen Federwege der MV Agusta zu schätzen, die das Auf und Ab des Fahrzeughecks in erträglichen Grenzen halten.
Wer heutzutage eine MV Agusta 750 S erstehen will, wird allerdings feststellen, dass sich so viel gegenüber der Zeit von vor 30 Jahren gar nicht geändert hat: Mehr denn je erfordert es Glück, eine wirkliche gute MV zu finden, und reichlich Geld, um sie zu bezahlen. 25.000 Euro und deutlich mehr gehen heute für sie über den Ladentisch – exzellenter Zustand vorausgesetzt. An der Faszination und am Mythos MV Agusta hat sich also auch im Laufe der Zeit nichts geändert – trotz aller Kritik. Wer sie einmal aus nächster gesehen und vor allem gehört hat, weiß, was gemeint ist. Und kommt wieder ins Träumen...

Klassentreffen:
Die MV Agusta 750 S inmitten ihrer Konkurrenten Laverda 750 SFC (li.) und Ducati 750 SS, die sich preislich jedoch in deutlich »freundlicheren« Regionen als die Maschine aus Gallarate bewegten.

MV Agusta 750 S America

GOOD MORNING, AMERICA

MV AGUSTA

Zwei MV Agusta-Insidern in den USA verdankte MV Agusta 1975 die 750 S America als Nachfolge-Modell der legendären 750 S. Mit diesem Modell hielt nicht nur in Punkto Design ein Wandel hin zu mehr Dynamik Einzug, sondern auch in Sachen Triebwerk. Mit auf 790 cm3 vergrößertem Hubraum und mehr Drehmoment hielt der Vierzylinder aus Gallarate, was die Optik der siegreichen Rennmaschinen von Phil Read und Giacomo Agostini versprach.

Voller, satter Vierzylinder-Klang liegt in der Luft, und die Schönbuchsteige bei Tübingen, dort, wo jedes Jahr am vorletzten September-Wochenende der so genannte »Schwäbische Hill Event« mit zahlreichen historischen Motorrädern und Automobilen ausgetragen wird, verwandelt sich an diesem Nachmittag für

Mit dem neu entworfenen Design schlug „Miss America" seinerzeit die Brücke zu den Grand Prix-Rennmaschinen von Phil Read und Giacomo Agostini.

knapp zwei Stunden in eine formidable »Konzert-Arena« für Motorräder. Wieder und wieder bremst der drahtig gebaute Fahrer auf dem lauten, roten Renner auf die 90 Grad-Kurve zu, schaltet flugs zwei Gänge zurück, winkelt ab und spannt im Scheitel gefühlvoll den Gashahn, um dann ein Konzert anzustimmen, wie es eben nur vier mäßig gedämpfte Auspuffrohre, vier Dell'Orto-Vergaser und jede Menge Zahnräder eines italienischen Sport-Motorrades vermögen.

Als »Instrument« dient freilich nichts Geringeres, als eine edle Vierzylinder-MV, eine 750 S America, Baujahr 1975. Jenes Motorrad also, das bei MV Agusta seinerzeit vor allem in Punkto Linienführung eine neue Ära einläutete.

Die bei den Fans der italienischen Nobel-Marke so beliebte, sportliche MV Agusta 750 S könne durchaus noch etwas sportlicher, am besten im Stil der Grand Prix-Rennmaschinen der Herren Read und Agostini daherkommen, befanden 1974 die beiden enthusiastischen Amerikaner Chris Garville und Jim Cotherman. Garville tätigte als Chef einer New Yorker Unternehmensgruppe Geschäfte mit dem Luftfahrtbereich von MV Agusta, der bekanntlich Hubschrauber produzierte. Cotherman hingegen war mit Leib und Seele MV Agusta-Händler und hatte sich zudem als MV-Tuner in den Staaten einen guten Namen gemacht.

Beide waren sich rasch einig, dass sich mit einem sportlicheren Erscheinungsbild in Amerika deutlich mehr von den italienischen Vierzylindern verkaufen lassen würden. Mit ihren Vorstellungen und Entwürfen im Gepäck reisten sie noch im Herbst 1974 ins Werk nach Gallarate, wo ihre Vorschläge vom damaligen Geschäftsführer Fredmano Spairani ohne Wenn und Aber akzeptiert wurden. Spairani, kurz zuvor noch bei Ducati und dort für die Entwicklung der 750er-V2-Motoren sowohl auf der Straße als auch im Rennbetrieb zuständig, war durch und durch ein Macher und trieb das neue Projekt ve-

Typische Ansichten: Von hinten dominieren eindeutig die vier Endrohre und natürlich das mächtige Tellerrad-Gehäuse.

Da ist Musik drin: 75 PS und ein heute wie damals betörender Klang machen Landstraßenfahrten mit der 750 S America zu einem absoluten Hochgenuss.

Feintuning:
Gegenüber der 750 S brachte etwas mehr Hubraum sowie kleinere 26er-Vergaser vor allem ein Plus an Drehmoment.

hement voran. So dauerte es gerade mal 50 Tage, bis der erste Prototyp der 750 S America Testfahrten absolvierte und im Frühjahr 1975 schließlich serienreif für damals 6000 US-Dollar auf den Markt kam. Optisch völlig überarbeitet, mit neuen Seitendeckeln, einer Höckersitzbank nach Grand Prix-Vorbild aus Glasfaser-Laminat mit edlem Wildleder-Polster und einem kleinen, praktischen Staufach sowie einem wunderschönen, nun 19 anstatt bisher 24 Liter fassenden Kraftstofftank aus Stahlblech.
Freilich, ein komplett neues Motorrad vermochte selbst die Mannschaft von MV Agusta in 50 Tagen nicht zu konstruieren, geschweige denn zu fertigen, und so diente als Basis für Fahrwerk und Motor die bewährte 750 S.
Lediglich neue, im Durchmesser zwei Millimeter größere Schmiedekolben von Asso mit zwei Kompressions-Ringen und einem Ölabstreifer ergaben zusammen mit 56 Millimetern Hub 789,7 cm3 Hubraum. Mit 75 PS Nennleistung bei 8500/min produ-

zierte dieses Triebwerk auf dem Papier zwar exakt dieselbe Leistung wie die 750 S, erreichte diese aber 500 Umdrehungen früher und erfreute mit etwas mehr Drehmoment - rund 7,0 zu 5,9 mkg - und damit einer fülligeren Charakteristik im unteren und mittleren Bereich. Stramme 211 km/h Höchstgeschwindigkeit waren denn auch ein Wort, und damit lag die 750 S America auf einem Niveau mit der supersportlichen Konkurrenz wie Ducati 750 Super Sport und Laverda 750 SFC, die ihrerseits jedoch über aerodynamische Hilfsmittel in Form einer knapp geschnittenen Halbverkleidung verfügten. Gerade gegenüber den beiden erwähnten Konkurrenten geriet die MV freilich recht schwer. 240 Kilogramm wies das Datenblatt für den »trockenen« Vierzylinder, was sich unter Addition von 19 Litern Kraftstoff sowie Motorenöl zu gut 260 Kilogramm fahrfertig errechnete. Deutlich mehr also, als eine 750er-Honda, und kaum weniger, als eine Kawasaki Z1 wog.

Dem entsprechend waren und sind weder spielerische Handlichkeit noch flinkes Umlegen in Wechselkurven die Domäne der 750 S America, auch wenn der extrem kurze Radstand von nur 1390 Millimeter dies auf dem Papier dem einen oder anderen glaubhaft zu vermitteln versuchte. Vielmehr brilliert sie mit satter Stabilität, vor allem bei hohen Tempi.

Erhaben über jegliche Kritik sind die Federelemente, die - italienisch straff gefedert und gedämpft - die beiden 18 Zoll-E.P.M.-Leichtmetall-Räder (optional auch Borrani-Speichenräder) sicher am Boden halten. Für spürbar verbesserte Fahrstabilität gegenüber dem Vorgänger-Modell sorgt dabei die Teleskopgabel, deren Standrohr-Durchmesser von 35 auf 38 Millimeter wuchs. Achtern halten die straffe Abstimmung sowie der mit 80 Millimetern nicht zu üppig bemessene Federweg zudem die durch die Lastwechsel-Momente bedingten Kardan-Reaktionen in Grenzen.

Nicht weniger souverän agiert die vordere Doppel-Scheibenbremse mit den beiden Zweikolben-Festsätteln von Scarab (optional auch Brembo). Sie weiß mit klar definiertem Druckpunkt und strammer Verzögerung zu überzeugen. Lediglich die hintere Bremsanlage, ebenfalls von Scarab, will bei heftigen Umtrieben und gleichzeitigem Herunterschalten mit Bedacht aktiviert werden. Zu heftigen Einsatz quittiert die Hinterhand dank des Kardans sonst mit dem typischen, wenngleich nicht stark ausgeprägten Stempeln.

So lässt sich der heute wie damals betörende Klang - in unserem Fall aus den vier geschwungenen Endrohren anstatt der Chrom-Krümmer und der vier schwarzen Megaphone - in vollen Zügen genießen. Einfach herrlich auch, wie der Vierzylinder der 750 S America seinen brüllend-sportlichen Antritt mit geschmeidigem Motorlauf verbindet, und selbst das Sirren des aufwändigen und MV-typischen Stirnrad-Antriebes für die beiden Nocken-

Klassisches Arrangement:
Typisch für das MV-Cockpit sind die Rundinstrumente von Smiths und die Schalter-Einheiten von Aprilia.

Sportschau:
Die 750 S America wuchert geradezu mit sportiven Komponenten wie E.P.M.-Gussrädern, exzellenten Federelementen von Ceriani oder klappbaren Fußrasten.

wellen fügt sich stimmig, sozusagen als musikalisches Hintergrund-Element, ein.
Wenngleich gerade dieser Antrieb damals bei den Händlern wie heute bei den Restauratoren hin und wieder für Kopfzerbrechen sorgt. Oftmals führte das Planen von Zylinder und Zylinderkopf nämlich zu minimiertem oder im Extremfall sogar zu null Zahnflankenspiel in der Steuerrad-Gruppe, was sich dann erst in schwergängigem Lauf, dann in lautem Pfeifen und schließlich in einem kapitalen Motorschaden äußert. »Toleranzen«, so weiß der ehemalige deutsche MV Agusta-Importeur Roland Schneider zu berichten, »gab und gibt es beim MV-Vierzylinder nicht.« Das einzige Rezept, den Vierzylinder korrekt aufzubauen, besteht darin, die Flanken der Zahnräder sozusagen auf Maß und mit dem korrekten Modul schleifen zu lassen. Eine aufwändige und teure, aber der Zuverlässigkeit dienliche Maßnahme.
Auch bei dem auf diesen Seiten vorgestellten Exemplar aus dem Umfeld von Roland Schneider wurde bei der Restaurierung diesbezüglich nichts dem Zufall überlassen. »Sie hängt ausgesprochen schön am Gas, läuft mechanisch leise und geht auch richtig gut«, freut sich der MV-Experte sichtlich. Denn eines ist ihm, so scheint es, besonders wichtig: dass eine Vierzylinder-MV einen bestmöglichen Eindruck hinterlässt. Und so glauben wir Roland Schneider, wenn er sagt: »Bei einer MV kommt es vor allem darauf an, wer sie gemacht hat.« Oder mit anderen Worten: Erfahrung ist gerade hier durch nichts zu ersetzen. Andernfalls kann im Kurbelgehäuse auch mal schnell die Sonne aufgehen. Und dann wird's ein teurer Spaß. Perfekt, sprich funktionell aufgebaut, begeistert die 750 S

Weiß in Sachen MV Agusta fast immer Rat: Ex-Importeur Roland Schneider aus Baden-Baden.

America jedoch bei jedem Gasstoß, in jedem Gang, in jeder Kurve, bei jedem Bremsmanöver. Und sorgt beim Betrachter heute wie vor 28 Jahren für ein schlagartiges Hallo der Sinne. So wie 1975, als die ersten Exemplare dieses Typs in den USA für Aufsehen sorgten. Good Morning, America.

Technische Daten

Motor und Getriebe	
Bauart	4-Takt/ Reihe fahrtwind-gekühlt
Zylinderzahl	4
Ventile je Brennraum	2
Bohrung in mm	67
Hub in mm	56
Hubraum in cm3	789,3
Verdichtung	9,5:1
Leistung in PS/Nenndrehzahl in 1/min	75 PS (55 kW) bei 8500/min
Gemischaufbereitung	
Bauart/Anzahl	Schieber-Vergaser/4
Hersteller	Dell'Orto VHB
Venturi-Durchmesser in mm	26
Kraftübertragung	
Getriebe/ Anzahl Gänge	Klauen/5 (Kassetten-getriebe)
Primärübersetzung	1,066
1. Gang	2,38
2. Gang	1,69
3. Gang	1,29
4. Gang	1,09
5. Gang	1,00
6. Gang	-
Sekundärübersetzung	2,666
Sekundärantrieb	Kardanwelle
Elektrische Anlage	
Generatorleistung in Watt	135
Betriebsspannung in Volt	12
Zündung	Batterie-Spulen
Fahrwerk	
Rahmenbauart	Stahlrohr-Doppelschleifen-Rahmen
Radführung vorne	Telegabel
Federweg vorne in mm	125
Radführung hinten/Federbeine	Schwinge/ 2
Federweg hinten in mm	80
Radstand in mm	1390
Räder und Bremsen	
Felgengröße vorne	2.15"x 18"
Felgengröße hinten	2.50"x 18"
Bereifung vorne	3.50-18
Bereifung hinten	4.00-18
Bremse vorne/Durchmesser in mm	Doppelscheibe/280
Bremse hinten/Durchmesser in mm	Scheibe/280
Maße und Gewichte	
Länge in mm	2110
Breite in mm	630
Höhe in mm	1120
Gewicht in kg	240 (trocken)
Tankinhalt in Litern	19
Fahrleistungen	
Höchstgeschwindigkeit langliegend (Werksangabe)	211 km/h
Preis	6000 US-Dollar (1975)

Norton Commando 750 fastback

DER ENGLISCHE PATIENT

TRAINS
1/4
1/2
NOTICE
This
BRIDGE
Is insufficient to carry a
HEAVY MOTOR CAR
The Registered Axle Weight of which exceeds
TONS
or the Registered Axle Weight of the several
axles of which exceed in the aggregate
FIVE TONS
Heavy Motor Car drawing a
TRAILER
if the Registered Axle Weights of the
Heavy Motor Car and the
TRAILER
Exceed in the aggregate
GN & GE

Wer sich heute an die Norton-Modelle erinnert, nennt gerne die Commando 750 fastback. Sie verkörpert den klassischen englischen Motorradbau par excellence - mit all ihren Ecken und Kanten.

Eines der schönsten englischen Sport-Motorräder ist zweifellos die englische Norton Commando 750 fastback, die ihren Beinamen wegen ihres schwungvoll nach hinten gezogenen Sitzbank-Abschlusses erhielt – ein Stilmittel der Designer, um vor allem auf dem damals wichtigen US-Absatzmarkt für einen gelungenen optischen Auftritt zu sorgen.
Als die Commando 1968 bei der T.T. auf der Isle of Man als Marshall-Maschine erstmals ins Rampenlicht der Öffentlichkeit trat, fiel sofort auf, dass Norton seinem von der Atlas her bekannten Grundkonzept treu blieb.
Zwar wiesen die Gehäusenummern des Commando-Motors unterschiedliche Kombinationen gegenüber dem Atlas-Triebwerk auf, doch die enge Verwandtschaft war keineswegs zu leugnen.
Nach wie vor handelte es sich um einen luftgekühlten Parallel-Zweizylinder mit OHV-Ventilsteuerung, also untenliegender, vor dem Zylinderfuss angebrachter Nockenwelle, Stößel, Stoßstangen und Kipphebel. Der Zylinder war aus Grauguss in einem Block gefertigt. Mit 56 PS bei 6750 Umdrehungen pro Minute und einem maximalen Drehmoment von 6,75 mkg bei 5000 Umdrehungen pro Minute versprach der Zweizylinder im Verein mit nur 188 Kilogramm Trockengewicht respektable Fahrleistungen. Dem unliebsamen Thema der Vibrationen – nicht nur bei Norton stets ein Thema – begegnete die Londoner Firma mit einer kompletten Aufhängung des Motors in Gummi-Elementen, was die Übertragung der Schwingungen auf Chassis und übrige Baugruppen etwas verringerte.

Kraftvoller, englischer Twin:
Der wunderschön gezeichnete Norton-Paralleltwin hält, was sein Erscheinungsbild verspricht. Mit viel Kraft im unteren und mittleren Drehzahlbereich sorgt er für eine äußerst stilvolle Art der Fortbewegung.

Typisch englisch:
Zwei einzeln stehende Instrumente in verchromten Gehäusen, wenige Kontrolleuchten. Der gediegene Arbeitsplatz der Norton Commando 750.

Sport à la Norton:
Das hintere Schutzblech wurde zu einem eleganten Heckabschluss, dem »fastback«, mit darunter liegendem Kotflügel geformt. Die Fahrleistungen der Zweizylinder-Maschine sind beachtlich.

Da ist Dampf drin: Das stabile und handliche Fahrwerk vereinten sich mit dem Motor Marke »Dampf in allen Lebenslagen« zu einer äusserst druckvollen Kombination.

Gerade die Reduzierung der Vibrationen animierte so manchen Piloten zu einem recht sorglosen Umtrieb mit dem kräftigen Zweizylinder, was die Verantwortlichen bei Norton veranlasste, im Fahrtenbuch ausdrücklich auf die Vermeidung von Dauer-Drehzahlen jenseits der 6500/min-Schwelle hinzuweisen. Waren die Macher von ihrem Produkt also nicht hundertprozentig überzeugt?
Nun, »Klacks« Ernst Leverkus widmete sich der Commando 750 schon kurz nach ihrem Erscheinen und probierte die sportliche Zweizylinder-Maschine nicht nur eifrig auf der Nordschleife des Nürburgrings aus, sondern stresste den Paralleltwin 1968 auch absichtlich auf einer mehr als dreistündigen Autobahnfahrt. Das Ergebnis war verblüffend positiv. Nur ein leichter Ölnebel an der Verschraubung der Drehzahlmesserwelle war die Folge – von ernsthaften Problemen also keine Spur. Dennoch erkannte auch »Klacks« sofort, dass dieses Motorrad nicht für die Autobahnhatz, sondern vielmehr für den Betrieb auf kurvenreichen Landstraßen konzipiert war. Genau dort war die schlanke Engländerin in ihrem Element, wie die flotten Rundenzeiten von weniger als elf Minuten auf der Nordschleife zeigten. Höchste Fahrstabilität gesellte sich hier zu

Ein Ohrenschmaus:
Auf das kräftige Poltern aus den beiden schlanken Endschalldämpfern möchte der Norton-Fahrer auch heute nur ungern verzichten.

Technische Daten

Motor	
Bauart	4-Takt/Reihe
Zylinderzahl	2
Ventile je Brennraum	2
Ventiltrieb	OHV
Bohrung in mm	73
Hub in mm	89
Hubraum in cm^3	745
Verdichtung	8,9:1
Leistung in PS/Nenndrehzahl in 1/min	56/6750
Gemischaufbereitung	
Bauart/Anzahl	Rundschieber-Vergaser/2
Hersteller	Amal
Venturi-Durchmesser in mm	30
Kraftübertragung	
Getriebe/Anzahl Gänge	Klauen/4
Primärübersetzung	2,19
1. Gang	2,56
2. Gang	1,70
3. Gang	1,22
4. Gang	1,00
5. Gang	–
Sekundärübersetzung	2,21
Sekundärantrieb	Rollenkette
Elektrische Anlage	
Generatorleistung in Watt	110
Betriebsspannung in Volt	12
Zündung	Batterie-Spulen-Zündung
Fahrwerk	
Rahmenbauart	Rohrrahmen aus Stahl mit zentralem Oberrohr und zwei Unterzügen
Radführung vorne	Telegabel
Federweg vorne in mm	140
Radführung hinten/Federbeine	Schwinge/2
Federweg hinten in mm	100
Radstand in mm	1450
Räder und Bremsen	
Felgengröße vorne	1.85" x 19"
Felgengröße hinten	1.85" x 19"
Bereifung vorne	3.00-19
Bereifung hinten	3.50-19
Bremse vorne/Durchmesser in mm	Einzelscheibe/260
Bremse hinten/Durchmesser in mm	Trommel/200
Maße und Gewichte	
Länge in mm	2120
Breite in mm	810
Höhe in mm	1105
Sitzhöhe in mm	805
Gewicht in kg	188 (trocken)
Tankinhalt in Litern	14,7
Fahrleistungen	
Höchstgeschwindigkeit langliegend in km/h	172
Preis	5.295,- Mark (1968)
Hersteller	Norton Villiers Limited, London, England

Verkehrte Welt:
Wie zahlreiche Motorräder aus dieser Zeit besitzt auch die Norton Commando 750 eine Rechtsschaltung. Entsprechend findet sich der Fußbremshebel auf der linken Seite.

einer vorzüglichen Handlichkeit, und lediglich die Trommelbremsen zeigten sich den respektablen Fahrleistungen vor allem in den späteren Jahren nicht mehr voll gewachsen. Aus diesem Grunde erhielt die Commando in den 70er Jahren vorne auch eine Scheibenbremse, die zwar wirksamer, doch immer noch verbesserungswürdig war.
Wem die Commando 750 fastback in ihrer serienmässigen Version trotzdem zu müde war, der konnte sogar auf einen speziellen Renn-Tuningskit vom Werk zurückgreifen. Der verhalf der 750er dann zu immerhin 216 km/h Höchstgeschwindigkeit – allerdings mit den offenen Auspufftüten auch zu einer Lautstärke, die einen legalen Betrieb auf der Straße nicht zuließ.

Entspanntes Fahren: Die aufrechte und bequeme Sitzposition passt ausgezeichnet zum Charakter der Maschine und erlaubt – wie der Motor – sowohl moderates Touren als auch sportliches Fahren.

Rickman-Kawasaki CR 1000

ENGLISCHER BRENNER

Wer ein verwindungssteifes Spezialfahrwerk für die starken 900er und 1000er Motoren von Kawasaki suchte, wurde ab 1976 auch bei Rickman in England fündig.

Im Jahre 1976 präsentierten die beiden englischen Brüder Derek und Don Rickman den Motorradfans ihr neuestes Produkt aus der kleinen Fahrwerksschmiede in New Million bei London. Dabei handelte es sich um ein Sportmotorrad, das vor allem eines im Sinn hatte: nämlich die Potenz des starken Motors der Kawasaki Z1 900 sowie der Z 900 mit 79 respektive 82 PS problemlos und voll nutzbar auf den Asphalt zu bringen. Diesbezüglich hatten sich ja die beiden Serienmodelle von Kawasaki nicht gerade mit Ruhm bekleckert, und meistens klagten die Besitzer über mehr oder weniger heftige Fahrwerksunruhen – je nach Heftigkeit der Gangart, versteht sich.
Genau an diesem Punkt setzten Derek und Don Rickman mit ihren beiden Modellen erfolgreich den Hebel an. Sowohl für das mit einem kleinen

Groß und mächtig:
Mit mehr als 1,5 Meter Radstand und einem 19 Zoll-Vorderrad sind Zielgenauigkeit und stoischer Geradeauslauf die Domäne der Rickman-Kawasaki.

Serien-Standard:
Die Instrumente und Schaltereinheiten der Rickman-Kawasaki CR 1000 stammen wie auch der Motor von der Kawasaki Z1-R.

Lady in Black:
Die Dreiviertel-Verkleidung lässt die wuchtige Engländerin fast schon zierlich erscheinen, denn die weit herausragenden Gehäusedeckel des Kawasaki-Vierzylinders werden geschickt kaschiert.

13,5 Liter fassenden Tank ausgerüstete Tourenmodell, das auch über eine voluminösere Verkleidung sowie eine Zweipersonensitzbank verfügte, als auch für das sportliche Modell mit kurzer Sitzbank, längerem 17 Liter-Tank und Stummellenker brachten die beiden denselben Rahmen zum Einsatz. Beim Rohrgeflecht handelte es sich um einen aus Chrommolybdänstahl gefertigten Doppelschleifen-Rohrrahmen, der im Hartlötverfahren äußerst sauber gefertigt wurde und dessen Hinterradführung über eine konventionelle Zweiarmschwinge mit zwei Federbeinen erfolgte. Allerdings barg gerade die Hinterradführung eine besondere technische Lösung: Da nämlich die Hinterradachse starr und nicht einstellbar in der Schwinge geführt wird, mußten sich die beiden Rickman-Brüder für die Kettenspannung etwas einfallen lassen. Dies umso mehr vor dem Hintergrund, daß die beiden verbauten Girling-Federbeine immerhin satte 170 Millimeter Federweg bereitstellen. Aufgrund der Tatsache, daß Schwingendrehpunkt und Antriebswelle nicht koaxial fluchten, führt dies nämlich unweigerlich zu stark unterschiedlichen Ketten-Durchhängen beim Ein- und Ausfedern. Ein solider und funktioneller Mechanismus zur Kettenspannung war also gefordert.
Die Lösung, die sich die beiden Brüder dazu einfallen ließen, sieht folgendermaßen aus: Eine ein-

Thema mit Variationen: Zahlreiche Besitzer wählten unterschiedliche Auspuffanlagen. Die leichte Vier-in-Eins-Anlage war beliebt, jedoch vertrauten auch viele Rickman-Fans auf die originale Vier-in-Vier der 900er Kawasaki.

schiebbare Lehre bringt zunächst Abtriebswelle, Schwingendrehpunkt und Hinterradachse in eine Linie. Der richtige Durchhang der Kette wird nun über zwei Exzenter im Schwingendrehpunkt hergestellt, und anschließend werden die beiden Exzenter mit speziellen Exzenterscheiben fixiert. Klarer Vorteil dieser Lösung ist eine große Verwindungssteifigkeit, doch die Konstruktion birgt freilich auch Nachteile. So müssen zumindest bei einer längeren Ausfahrt stets diverse Exzenterscheiben mitgeführt werden, soll die Kette nachgespannt werden. Aber auch darüberhinaus verfügt das Rickman-Chassis über hochinteressante Lösungen. So erfolgt die Schwingenlagerung selbst etwa in gesinterten Bronzebüchsen, und der Lenkkopf ist mit tragfähigen, einstellbaren Kegelrollenlagern ausgestattet.

Im Fahrbetrieb weiß denn die Rickman-Kawasaki auch zu gefallen. Zwar ist sie – im Gegensatz zur Originalmaschine von 1976 – zunächst einmal nicht gelb, sondern schwarz lackiert, der Motor stammt von der Kawasaki Z-1R, und die Räder sind wiederum von einer Kawasaki Z 1000 Mk II entlehnt. Trotzdem (oder gerade deshalb?) besticht die Rickman CR 1000 (CR = Competition Racer, also Wettbewerbsmaschine) mit Temperament und ehrlichen Fahrwerksqualitäten. Rein gefühlsmäßig dürften von

den ehemals 90 Pferdestärken des Z-1R-Vierzylinders noch etwa 80 zum Galopp antreten, was aber im Verein mit einem bis in die hohen Geschwindigkeitsregionen spurstabilen Fahrwerk allemal für sportlich-flotte Umtriebe genügt. Willig läßt sich die CR 1000 in Schräglage bringen und überzeugt durch hohe Neutralität bei Kurvenfahrt. Das an Stelle des ursprünglich verbauten 18 Zoll-Vorderrades montierte 19 Zoll-Pendant fällt trotz der höheren Kreiselkräfte nicht negativ auf. Im Gegenteil: Auch wenn ein
direkter Vergleich zwischen der 18- und 19 Zoll-Version nicht möglich ist, so zeichnete sich dieses Exemplar durch ein hohes Maß an Zielgenauigkeit bei ausreichend guter Handlichkeit aus. Kurzum: Der Fahrer trifft mit diesem Motorrad auch die angepeilte Linie und muß sich beim Umlegen in Wechselkurven nicht über Gebühr strapazieren. Dies gilt übrigens auch noch auf Landstraßen zweiter und dritter Ordnung, auf denen die Girling-Federbeine hinten sowie die Betor-Gabel mit 38 Millimeter starken Standrohren vorne mit guten Federungs- und Dämpfungseigenschaften gefallen können. Einen weiteren, sicherlich nicht unerheblichen Anteil zum untadeligen Fahrverhalten tragen wohl auch die kurz vor unserer Testfahrt montierten Metzeler-Pneus bei, die nicht nur prächtige Haftung verleihen, sondern rundum hervorragend mit der Rickman-Kawasaki harmonieren. Vor mehr als 20 Jahren ließ sich die Potenz des Kawasaki-Vierzylinders auf diese Weise so richtig auskosten, vor allem auch, weil sich zum guten Fahrverhalten auch noch eine leistungsfähige Bremsanlage gesellte. Vorne kümmert sich eine Zweischeiben-Anlage von Lockheed mit Zweikolben-Festsätteln und Gussbremsscheiben aus eigener Fertigung um Verzögerung. Hinten arbeitet zur Unterstützung eine Einscheibenbremse gleichen Musters. Verzögerungsleistung und Dosierbarkeit der Anlage sind gut, allerdings empfindet der Liebhaber feiner technischer Lösungen die grobschlächtig gefertigten Bremsscheiben als gewisse Beleidigung fürs Techniker-Auge. Obendrein sind die Bremsscheiben auch noch bleischwer.

Obgleich wir nach der Fahrt mit unserem Testexemplar durchaus begeistert aus dem Sattel steigen, wollen wir die Kritik, die die Rickman CR 900 bei ihrer allerersten Vorstellung 1976 erntete, an dieser Stelle nicht verschweigen.

Damals bemängelten die Tester vor allem die zu hohe Sitzbank, die dafür sorgte, dass gerade bei kleinwüchsigeren Fahrern viel Gewicht auf den Armen lastete, was zu einer verkrampften Sitzhaltung und einer ebensolchen Fahrweise führte. Wir allerdings haben uns auf dieser CR 1000 ausgesprochen wohl gefühlt: Die Sitzbank, den langen Tank und die unterhalb der oberen Gabelbrücke montierten Stummellenker empfindet der Fahrer als gut gelungenes Arrangement. Einzig die viel zu weit

Brauchbar, aber schwer:
Die Lockheed-Bremsanlage wirkt ordentlich, jedoch sind die komplett aus Guss gefertigten Bremsscheiben unnötig schwer geraten.

vorne platzierten Fahrer-Fußrasten sorgen für eine etwas merkwürdige Haltung. Eine Zurückverlegung derselben um drei, vier Zentimeter wäre hier zweifellos angebracht.
Wenn wir gerade bei den Fußrasten angelangt sind, so bietet sich ein generelles Wort im Hinblick auf die Verarbeitung der Rickman-Kawasaki an. So grobschlächtig, wie etwa die Fußrasten mit den schwülstigen Gummis gefertigt sind, muten auch andere Details an der Maschine an. Alleine die Motorverschraubungen etwa oder die angeschweißten Rohrausleger zur Fußrastenaufnahme zeugen nicht gerade von großer Liebe zur Ästhetik im Detail. Den Gipfel in dieser Beziehung stellt zweifellos der Tank dar, ein aus ein paar Blechen zusammengeschweißter Kasten, dessen Ecken und Kanten sich unter einer schmucken Kunststoffhaut verbergen. Fraglos kann eine Bimota KB 1im Hinblick auf die Verarbeitung im Detail viel mehr befriedigen als die Rickman CR.

Dennoch verkörperte der englische Brenner anno 1976 ein Stück Rennstrecken-Faszination für den ambitionierten Straßenfahrer, lehnte sich die CR in Formgebung und Fahrverhalten stark an Wettbewerbs-Maschinen an. Hinzu kam ein hohes Maß an Exklusivität – trotz des relativ günstigen Einstandspreises von 4845 Mark für das komplette Chassis, das lediglich noch den Motor, die Elektrik sowie Instrumente und Armaturen der Serien-Kawasaki – in unserem Falle einer Z 1000 Z1-R – erforderte.
Für den Import des Rickman-Fahrwerkskits war 1976 die Firma Henke in Altenstadt zuständig. Wahlweise wurde die CR mit einer Vier-in-Eins-Auspuffanlage, wie sie diese Rickman trägt, ausgerüstet, doch

Englisch oder italienisch?
Speziell für großgewachsene Menschen stellt die Rickman eine der schönsten Möglichkeiten dar, den starken Kawasaki-Vierzylinder zu genießen, aber auch die Bimota KB 1 hat ihre Qualitäten.

Nicht zu glauben:
Genau so sah ein Rickman-Tank unter der schmucken Kunststoff-Verschalung aus. Fraglos erfüllte auch dieser seinen Zweck.

nicht wenige Käufer montierten auch die serienmäßige Vier-in-Vier-Anlage der Z1 900. Im Vergleich zum Vier-in-Eins-Auspuff war die Bodenfreiheit damit allerdings begrenzt, ansonsten trübte den Schräglagenspaß lediglich noch der in Linkskurven hart aufsetzende Seitenständer.

So stellt die Rickman CR unterm Strich schließlich ein Sportmotorrad im damaligen Rennmaschinenlook für vergleichsweise wenig Geld dar. Übrigens gehörte zum Fahrwerkskit zunächst nur eine Einscheibenbremse vorne sowie Speichenräder. Kurze Zeit später folgten dann Leichtmetall-Gußräder sowie eine Doppelscheibenbremse. »Die originalen Gussräder habe ich noch zu Hause, ebenso einen Rahmen nebst allen wichtigen Teilen. Das gibt dann Projekt Nummer zwo – aber mit Speichenrädern«, freut sich Wolfgang Rohde – ihm gehört nämlich dieses Schmuckstück – schon auf seine zweite Rickman-Kawasaki CR 1000.

Technische Daten

Motor	
Bauart	4-Takt/Reihe
Zylinderzahl	4
Ventile je Brennraum	2
Ventiltrieb	DOHC
Bohrung in mm	70
Hub in mm	66
Hubraum in cm^3	1016
Verdichtung	8,7:1
Leistung in PS/Nenndrehzahl in 1/min	90/8000
Gemischaufbereitung	
Bauart/Anzahl	Rundschieber-Vergaser/4
Hersteller	Mikuni
Venturi-Durchmesser in mm	28
Kraftübertragung	
Getriebe/Anzahl Gänge	Klauen/5
Primärübersetzung	1,73
1. Gang	3,17
2. Gang	2,19
3. Gang	1,67
4. Gang	1,38
5. Gang	1,22
Sekundärübersetzung	2,20
Sekundärantrieb	Rollenkette
Elektrische Anlage	
Generatorleistung in Watt	180
Betriebsspannung in Volt	12
Zündung	Batterie-Spulen-Zündung
Fahrwerk	
Rahmenbauart	Doppelschleifen-Rohrrahmen aus Chrommolybdänstahl
Radführung vorne	Betor-Telegabel
Federweg vorne in mm	150
Radführung hinten/Federbeine	Schwinge/2 Girling
Federweg hinten in mm	170
Radstand in mm	1525
Räder und Bremsen	
Felgengröße vorne	1.85" x 19"
Felgengröße hinten	2.15" x 18"
Bereifung vorne	100/90-19
Bereifung hinten	130/80-18
Bremse vorne/Durchmesser in mm	Doppelscheibe/280
Bremse hinten/Durchmesser in mm	Einzelscheibe/280
Maße und Gewichte	
Länge in mm	2240
Breite in mm	650
Höhe in mm	1240
Sitzhöhe in mm	790
Gewicht in kg	235 (vollgetankt)
Tankinhalt in Litern	17
Fahrleistungen	
Höchstgeschwindigkeit langliegend in km/h	ca. 220
Preis (nur Fahrwerkskit)	4845.- Mark (1976)
Hersteller	Rickman, England

Suzuki GT 380

NOCH ZU HABEN

SUZUKI
GT380
SUZUKI

Im Gegensatz zum legendären Wasserbüffel, der Suzuki GT 750, sind die luftgekühlten Schwestern GT 550 und GT 380 nach wie vor sehr günstig zu bekommen. Doch auch die beiden luftgekühlten Dreizylinder haben beste Anlagen zukünftig begehrte Sammel-Objekte zu werden.

Immer schon wusste Suzukis kleinster Zweitakt-Dreizylinder besonders gefallen, stellte er seinerzeit doch ein richtig kerniges Motorrad für relativ bescheidenes Geld dar. Nach wie vor gibt es den Drilling für wenig Geld - Schrott auf Rädern wird für wenige 100 Euro feil geboten, gute, fahrbereite Exemplare werden um die 1000 bis 1500 Euro

Einfach schön:
Die Suzuki GT 380 ist ein perfektes Beispiel für einen zeitlos schönen Youngtimer, der obendrein noch günstig zu haben ist. Zwischen 1000 und 2000 Euro spielt sich der Preis für gute bis sehr gute Exemplare ab.

Moment mal: Trotz des relativ geringen Hubraums weiß der Zweitakt-Dreizylinder mit einer fülligen Charakteristik zu gefallen. 33 PS ermöglichen rund 170 km/h.

Mit 3, spiel' 4:
Die beiden äußeren Zylinder entsorgt je ein Schalldämpfer. Der mittlere Zylinder entlässt seine Abgase in die beiden kleinen Schalldämpfer ins Freie.

gehandelt, und für echte Sahnestückchen müssen etwa 2000 Euro angelegt werden. Wenig Geld für einen vergleichsweise seltenen Youngtimer, der aus der Motorradgeschichte der 70er-Jahre gar nicht weg zu denken ist. Alleine des Arbeits-Prinzips wegen.

Was im Viertakt-Bereich der Sechszylindermotor darstellt, ist im Zweitakt-Bereich der Dreizylindermotor. Nicht zuletzt deshalb prägten die Autobauer

Glanzstück:
Gerade in der metallic-blauen Lackierung mit schwarzen Seitendeckeln kommt der frisch polierte Dreizylinder besonders gut heraus.

Ein richtiges Motorrad:
Gerade wenn man etwa von der kleinen Honda CB 350 Four in den Sattel der GT 380 steigt, fällt die stattliche Größe der GT und ihre Abstammung von der 48 PS starken und weitestgehend baugleichen 550er auf.

von DKW für ihren Wagen anno 1955 die Bezeichnung 3 = 6, womit alles über Fahrkultur und Laufruhe gesagt werden sollte. Tatsächlich vibriert ein Dreizylinder-Aggregat weniger als ein Zweizylinder und bietet überdies noch den Vorteil, dank kleinerer Einzelhubräume mehr Leistung aus demselben Hubvolumen als ein Zweizylinder zu schöpfen. Was lag für Suzuki also näher, als - wie auch Kawasaki - auf diese Dreizylinder-Technik zu setzen und mit ihr auf Kundenjagd zu gehen? Die Mehrzylinder-Schöpfung (die in den USA übrigens mit dem Namens-Zusatz »Sebring« verkauft wurde) war ein ausgesprochen gelungenes Motorrad, und sie blieb so lange wie kaum eine anderes GT-Modell im deutschen Programm: Die letzten Modelle (GT 380 N) verschwanden erst 1980 aus den Schaufenstern. Die technische Plattform bildete das Triebwerk der zweizylindrigen T 250. Das Dreizylinder-Aggregat bestand aus drei einzelnen Aluzylindern mit eingeschrumpften Gusslaufbuchsen, der Zylinderkopf aus einem Gussteil, das später mit einem voluminösen Ram-Air-Luft-Leitblech versehen wurde. Das Verdichtungsverhältnis betrug 6,7 (später 7) zu 1, die Nennleistung wechselte, je nach Baujahr, zwischen 38 für die ersten und 27 PS für die letzten Baujahre. Die Reduzierung der Motorleistung erfolgte dabei auf einfachstem Weg: Durch eingesetzte Ringe wurde der Auspuffquerschnitt am Zylinder verengt, was die Drehzahlspitze um 1000/min kappte. Da das außerdem noch ganz treuherzig im Suzuki-Prospekt erläutert wurde, stand einer kleinen Bastelei seitens leistungshungriger Fahrer denn auch nichts

Fast wie neu: Die hier gezeigte GT 380 wurde vom Autor in eher marodem Zustand gekauft. Mit einer neuen Sitzbank, neuer Lackierung sowie einigen weiteren Originalteilen sieht sie nun fast aus, als wäre sie gerade vom Band gelaufen.

im Wege, und so fuhren die meisten GT 380 »offen« durchs Land. Das maximale Drehmoment bei der ungedrosselten Version lag bei 3,03 mkg bei 7.500/min an. Bei 5000 Touren auf der Uhr überzeugte der Dreizylinder durch ein kontinuierliches Ansteigen der Leistungskurve bis zur Höchstdrehzahl von 8.000/min. Das überraschend weit gespreizte Drehzahlband passte vorzüglich zum tourentauglichen Allround-Charakter dieser Maschine. Das präzise rastende Sechsganggetriebe bot zudem einen guten Drehzahlanschluss.

Vorne vermochte eine Telegabel mit gerade mal 100 Millimetern Federweg den Dreier-Pack zwar mehr schlecht als recht auf dem eingeschlagenen Weg zu halten, und an der Hinterhand mühten sich in der Federvorspannung fünffach verstellbare Federbeine mit nur 60 Millimetern Arbeitsweg um Bodenhaftung und Komfort. Wie bei Suzuki-Zweitaktern meist üblich, hatte in erster Linie der Beifahrer zu leiden: Die Rasten saßen an der Auspuffaufnahme am Rahmen und übertrugen deswegen die Auspuffschwingungen. Das Chassis bestand aus einer Doppelrohrschleife, das Rückgrat solide versteift Knotenblechen zum Lenkkopf.

Die Chronik der GT 380 in Stichworten: 1972 Einführung (J-Modell), Telegabel mit Faltenbälgen, Trommelbremse vorn, Leistung 34 PS. 1973: K-Modell mit Einscheiben-Bremse vorn. 1974: L-Modell mit desmodromisch betätigten Vergaserschiebern, neuen Instrumenten mit digitaler Ganganzeige;

Mit Gimmick: Zwischen den beiden Rundinstrumenten sitzt die elektronische Gang-Anzeige. In roten Ziffern erscheint die gerade eingelegte Fahrstufe. Für den, der's braucht.

Motorleistung 31,5 PS, DM 4.590,-. 1975 M-Modell: Zündzeitpunkt von 24 auf 21 Grad vor OT versetzt, Wegfall des SIRS-Schmiersystems. 1976 A-Modell, verbesserte Lichtmaschine, niedrigere Lufthutze. 1977 B-Modell: Umrüstsatz auf 27 PS lieferbar, für 1977er-Modelle kostenlos (kenntlich am Code E 22 in den Auspufftöpfen). Vorderradkotflügel nur noch einfach abgestrebt. Letztes Baujahr. 1980: N-Modell, Kennzeichen: versenkter Tankverschluss. Auslaufen der Modellreihe, letzte Exemplare über Großhändler Hein Gericke für DM 3.998,-verkauft.
Für Sie ist die in diesem Buch gezeigte GT 380, übrigens ein N-Modell, deshalb interessant, weil an ihr sehr deutlich wird, für wie wenig Geld und Arbeitsaufwand man sich ein altes Motorrad wieder wunderschön aufbauen kann. Und dafür, wie viel Spaß gerade so ein herrlich klingender Zweitakt-Dreizylinder mit seinem spontanen Antritt macht. Kurzum: Sie ist ein perfektes Beispiel für den erfolgreichen Start einer Youngtimer-Karriere.

Technische Daten

Motor	
Bauart	2-Takt/Reihe
Zylinderzahl	3
Ventile je Brennraum	-
Bohrung in mm	54
Hub in mm	54
Hubraum in cm3	371
Verdichtung	6,7:1
Leistung in PS	33 PS (24 kW) bei 7500/min
Gemischaufbereitung	
Bauart/Anzahl	Rundschieber-Vergaser/3
Hersteller	Mikuni
Venturi-Durchmesser in mm	24
Kraftübertragung	
Getriebe/Anzahl Gänge	Klauen/6
Primärübersetzung	2,83
Gesamtübersetzungen	
1. Gang	2,33
2. Gang	1,50
3. Gang	1,16
4. Gang	0,90
5. Gang	0,78
6. Gang	0,71
Sekundärübersetzung	3,00
Sekundärantrieb	Rollenkette
Elektrische Anlage	
Generatorleistung in Watt	k.A.
Betriebsspannung in Volt	12
Zündung	Batterie-Spulen-Zündung
Fahrwerk	
Rahmenbauart	Doppelschleifenrohr-Rahmen aus Stahl
Radführung vorne	Telegabel
Federweg vorne in mm	100
Radführung hinten/Federbeine	Schwinge/2
Federweg hinten in mm	60
Radstand in mm	1355
Räder und Bremsen	
Felgengröße vorne	1.85" x 19"
Felgengröße hinten	2.15" x 18"
Bereifung vorne	3.00-19
Bereifung hinten	3.50-18
Bremse vorne/Durchmesser in mm	Einzelscheibe/270
Bremse hinten/Durchmesser in mm	Trommel/180
Maße und Gewichte	
Länge in mm	2105
Breite in mm	850
Höhe in mm	1100
Gewicht in kg	171 (trocken)
Tankinhalt in Litern	15
Fahrleistungen	
Höchstgeschwindigkeit langliegend	170 km/h
Preis	3998 Mark (N-Modell 1980 über Hein Gericke)

Suzuki GT 750

DER WASSERBÜFFEL

Das hohe Drehmoment ihres Motors und die Tatsache, dass dieser wassergekühlt war, brachten der Zweitakt-Suzuki GT 750 den Beinamen aus dem Tierreich ein.

Als Antwort auf die Honda CB 750 konnten die Motorradfans die 1970 auf der 17. Tokyo Motor Show von Suzuki präsentierte GT 750 kaum verstehen. Mit einer Trommelbremse im Vorderrad ausgerüstet und obendrein »nur« 52 PS stark, konnte sie ihrer vierzylindrigen Konkurrentin aus dem Land der aufgehenden Sonne kaum das Wasser reichen. Dennoch erfreute sich die wassergekühlte Zweitaktmaschine rasch großer Beliebtheit, denn sie vermochte auf einfache Weise eine Lücke im Markt zu schließen.
Liebhaber von Dreizylinder-Zweitaktern mussten auf

Es geht doch:
Wer behauptet, mit der GT 750 sei nicht sportlich zu fahren, wird hier belehrt. Einzig die Schräglagenfreiheit ist durch die voluminösen Auspuffe begrenzt.

Eher touristisch:
Die GT 750 war vor allem für Tourenfahrten mit sportlichen Einlagen prädestiniert. Die späteren GT 750, wie diese 1977 gebaute GT 750 B, besaßen bereits Doppelscheibenbremse und 63 PS Leistung.

Moment mal:
Der wassergekühlte 750er Zweitakt-Dreizylinder besticht durch außerordentliches Drehmoment im unteren und mittleren Drehzahlbereich.

Wuchtige Erscheinung: Der große Wasserkühler dominiert die Frontansicht der GT 750 vor allem deshalb, weil er von einem verchromten Sturzbügel umfasst wird.

Aus drei mach' vier:
Die drei Zylinder des Zweitakters wurden über vier Schalldämpfer entsorgt. Eine Lösung, die Suzuki aus Gründen der optischen Symmetrie wählte.

ihrer Suche nach leistungsstarken Gefährten bis dato nämlich zur Marke Kawasaki greifen. Letzteres dürfte dem einen oder anderen vor allem deshalb schwer gefallen sein, weil den Kawasaki-Drillingen ein gewisser Ruf der Unbeherrschbarkeit und nicht gerade vorbildlicher Tourentauglichkeit vorauseilte. Wer dennoch einen Zweitakter fahren wollte, musste sich zwangsläufig für die wassergekühlte GT 750 von Suzuki interessieren.
Sie bot loderndes Zweitaktfeuer aus drei Zylindern, ähnlich wie es Kawasaki mit der 500 H1 Mach III bereits vorexerziert hatte, doch besaß sie bereits eine fortschrittliche Wasserkühlung, was die Kundschaft vor allem mit gesteigerter Zuverlässigkeit verband. Im Fahrbetrieb glänzte die GT 750 aber nicht durch eine explosive Leistungsentfaltung, wie sie etwa die Kawasaki-Dreizylinder boten. Vielmehr war ihr Dreizylinder auf Durchzugskraft und viel Drehmoment im unteren und mittleren Drehzahlbereich ausgelegt. Dies dokumentiert auch die geringe Nenndrehzahl von nur 6.500/min, bei der die Spitzenleistung erreicht wird.
Zu diesem für Touren durchaus gut geeigneten Motor gesellt sich auch ein akzeptabler Fahrkomfort, der lediglich von den geringen Federwegen (vorne 110, hinten 70 mm) etwas beeinträchtigt wird. Ein wirkliches Manko im Hinblick auf längere Urlaubsfahrten ist jedoch der hohe Kraftstoffverbrauch, der leicht zehn Liter pro 100 Kilometer oder

Technische Daten

Motor	
Bauart	2-Takt/Reihe
Zylinderzahl	3
Ventile je Brennraum	-
Ventiltrieb	-
Bohrung in mm	70
Hub in mm	64
Hubraum in cm^3	738,5
Verdichtung	6,7:1
Leistung in PS/Nenndrehzahl in 1/min	52 bzw. 63/6500
Gemischaufbereitung	
Bauart/Anzahl	Rundschieber-Vergaser/3
Hersteller	Mikuni
Venturi-Durchmesser in mm	32
Kraftübertragung	
Getriebe/Anzahl Gänge	Klauen/5
Primärübersetzung	1,673
1. Gang	2,846
2. Gang	1,736
3. Gang	1,363
4. Gang	1,125
5. Gang	0,923
Sekundärübersetzung	3,133
Sekundärantrieb	Rollenkette
Elektrische Anlage	
Generatorleistung in Watt	-
Betriebsspannung in Volt	12
Zündung	Batterie-Spulen-Zündung
Fahrwerk	
Rahmenbauart	Doppelschleifenrohrrahmen aus Stahl
Radführung vorne	Telegabel
Federweg vorne in mm	110
Radführung hinten/Federbeine	Schwinge/2
Federweg hinten in mm	70 bzw. 60
Radstand in mm	1470
Räder und Bremsen	
Felgengröße vorne	1.85" x 19"
Felgengröße hinten	2.15" x 18"
Bereifung vorne	3.25-19
Bereifung hinten	4.00-18
Bremse vorne/Durchmesser in mm	Doppelscheibe/295
Bremse hinten/Durchmesser in mm	Trommel/180
Maße und Gewichte	
Länge in mm	2215
Breite in mm	610
Höhe in mm	1160
Sitzhöhe in mm	810
Gewicht in kg	251 (fahrfertig)
Tankinhalt in Litern	18
Fahrleistungen	
Höchstgeschwindigkeit langliegend in km/h	171,4 bzw. 185 (Messung)
Preis	6.900.- Mark (1975)
Hersteller	Suzuki Motor Co. Ltd., P.O. Box 116, Hamamatsu 430, Japan

auch mehr erreichen kann. In Verbindung mit dem nur 18 Liter fassenden Tank erlaubt die GT 750 bei forscher Fahrweise dementsprechend Reichweiten von nicht einmal 200 Kilometern.
Trotz dieser unangemessenen Trinksitten fand die GT 750 – wie auch die Dreizylinder-Kawasaki – ihren festen Kreis von Liebhabern, gerade des drehmomentstarken Motors wegen. Daran hat sich bis heute auch nichts geändert, und so wurde in Deutschland sogar eigens ein Wasserbüffel-Club für die Fans dieses Motorradtyps gegründet.
Überarbeitungen an diesem Modell, das sich immerhin von 1970 bis 1977 im Markt behauptete, betrafen unter anderem die Kanalgestaltungen in den Zylindern, die Getriebeabstufungen sowie die Bremsen. Außerdem wuchs die Leistung bis auf 63 PS an. Eine wirksame Doppelscheibenbremse ersetzte schließlich die schmucke, aber schlappe Trommelbremse vorne. Mit der GT 750 B markierte Suzuki 1977 schließlich das Ende der GT 750-Entwicklung, und dieses Modell zogen wir auch für unsere Fotofahrten heran.

Mit Thermometer:
Neben Tachometer und Drehzahlmesser zierte auch ein Kühlwasser-Thermometer das Cockpit der Suzuki GT 750.

Immer mit Speichenrädern:
Alle GT 750 verfügten über Drahtspeichenräder, wohingegen ihre Nachfolgerin, die GS 750 mit Viertaktmotor, auch mit Leichtmetall-Gussrädern angeboten wurde.

SHOEI

Suzuki GS 750 E

WENDE-MARKE

In der Suzuki-Firmengeschichte markiert die GS 750 einen Wendepunkt: Statt Motorrädern mit Zweitaktmotoren sollten es künftig auch solche mit Viertaktern und sogar bis zu vier Zylindern sein.

Frauen kommen langsam, aber gewaltig. Wenn diese, durchaus emanzipierte Feststellung der Männerwelt auf die Motorradhistorie übertragen werden kann (zumal im Falle von Motorrädern ohnehin in weiblicher Form gesprochen wird), dann trifft dies ganz besonders auf Suzuki zu.

Honda hatte sich ohnehin von Anfang an dem Viertakter verschrieben. 1972 hatte Kawasaki mit der 900er-Z1 gezeigt, auf welches Motoren-Arbeitsprinzip sich die Marke künftig festlegen wollte. Yamaha machte es dagegen zunächst noch ein bißchen spannend, indem parallel zu den XS-Modellen weiterhin die RD-Reihe mit Zweizylinder-Zwei-

Einstiegs-Modell: Mit der GS 750 läutete Suzuki die Abkehr vom Zweitakter hin zum Viertakter ein.

Ging gut:

Fahrwerksseitig wusste die GS 750 zu überzeugen, obgleich sie mit 253 Kilogramm Gewicht glatt 30 Kilogramm schwerer wurde, als ursprünglich von Suzuki verlautbart.

taktmotoren gepflegt wurde. Doch als 1976 die XS 750 mit Dreizylinder-Viertakt-Reihenmotor vorgestellt wurde, war auch bei diesem Hersteller klar: die Zukunft würde den Motorrädern mit Viertaktmotor gehören.

Suzuki ließ sich Zeit, laborierte zunächst mit Kreiskolbenmotoren (RE 5) und setzte auch große Hoffnungen darauf, um schließlich erkennen zu müssen, dass dies nicht der vom Publikum gewünschte Motorradantrieb war. Auch die legendäre GT 750 mit ihrem flüssigkeitsgekühlten Dreizylinder-Zweitakt-Reihenmotor war spätestens mit Beginn der zweiten Hälfte der siebziger Jahre überaltert. Suzuki brauchte ein Motorrad mit Viertaktmotor, und zwar dringend.

Vier Zylinder in Reihe waren angesagt, die Hubraumklasse bis 750 cm³ sowieso Standard und dazu

Der Untertreiber:
Nominell 63 PS versprach Suzuki für den 750er-Motor der GS. tatsächlich standen die meisten Exemplare jedoch etwas besser Im Futter und ermöglichten 192 bis 197 km/h Topspeed.

zwei obenliegende Nockenwellen zur Betätigung je eines Ein- und Auslassventils pro Zylinder. 65 mm Bohrung bei 56,4 mm Hub ergaben exakt 748,6 cm^3 und laut Hersteller nach amerikanischer SAE-Norm (Society of Automotive Engineers) gemessene 68 PS bei 8500/min - acht PS mehr als Yamaha für seine XS 750 angab und immer noch ein PS mehr als im Falle von Honda und deren zu diesem Zeitpunkt doch schon betagter CB 750. Auch sollte die neue Viertakt-Suzuki, schlicht GS 750 getauft, mit 223 kg die leichteste aller japanischen 750er-Maschinen sein.
Kein anderer als Barry Sheene war es, der als einer der ersten Nicht-Werksangehörigen zur Probefahrt mit der ersten Suzuki mit Viertaktmotor gebeten wurde. Zur Erinnerung: Der Engländer war damals Suzuki-Werksrennfahrer Nummer eins und weilte wegen seiner 500er-Rennmaschine für die 1976er Saison (als er zum ersten Mal Weltmeister geworden war) gerade in Hamamatsu, als er auf einer der Vorserienmaschinen einige Runden auf dem werkseigenen Testkurs absolvierte. »Das Ding war schlicht und einfach unfahrbar«, lüftete er 25 Jahre später sein Geheimnis. »Ich empfahl, was gegen die Fahrwerksunruhen zu tun wäre, und über Nacht war ein Motorrad entstanden, das ich nicht mehr wiedererkennen sollte. Unter anderem hatten sie die Teleskopgabel überarbeitet, den Radstand durch eine andere Hinterradschwinge verlängert und noch ein paar Kleinigkeiten am Fahrgestell geändert.«
Auf der IFMA im September 1976 wurde die Suzuki GS 750 in Deutschland offiziell vorgestellt, mit nur einer hydraulisch betätigten Scheibenbremse am Vorderrad. Doch bereits ab Januar 1977 wurden alle GS 750-Modelle serienmäßig mit Doppelscheibenbremse vorn ausgeliefert. Nette Geste von Suzuki: alle bisher verkauften Exemplare konnten beim Händler kostenlos nachgerüstet werden.
Die zweite Bremsscheibe samt -zange brachte

Typisch Suzuki:
Zwei Rundinstrumente in einem gemeinsamen Gehäuse, dazu die elektronische Gang-anzeige – fertig war das Cockpit, wie man es von Suzuki bereits seit einigen Jahren gewohnt war.

Nachgebessert:
Ursprünglich litt die GS 750 unter Fahrwerksproblemen, wie Barry Sheene bei einer Erprobungsfahrt feststellte. Deshalb gab's vor Serienanlauf unter anderem eine längere Schwinge.

natürlich etwas mehr Gewicht mit sich, doch darauf kam es bei fünf Zentnern Gesamtgewicht nun auch nicht mehr an. Richtig gelesen: anstelle der von Suzuki angepriesenen 223 kg brachte eine GS 750 mit randvollem 18 Liter-Tank stolze 253 kg auf die Waage, fast genau so viel wie eine Kawasaki Z 1000. Das zulässige Gesamtgewicht, nicht zuletzt auch durch die Tragfähigkeit der Reifen begrenzt, lag bei 380 kg. Bei einem 80 kg schweren Fahrer durfte dessen Beifahrerin demnach höchstens 50 kg auf die Waage bringen, und mit eventuellem Urlaubsgepäck war eine GS 750 bereits hoffnungslos überladen.

Begeistern konnte der Suzuki-Vierzylindermotor mit voll wälzgelagertem Kurbeltrieb - die Kurbelwelle selbst in fünf Rollen- und einem Kugellager (rechts außen) zur axialen Fixierung, die Pleuelfüße in Nadellagern. Der Primärantrieb erfolgte über geradverzahnte Räder, also nicht gerade eine laufruhige, dafür äußerst belastbare Konstruktion. Wegen des vergleichsweise kurzen Hubs war üppiges Drehmoment nicht zu erwarten, dafür aber erwies sich der Suzuki-Vierzylinder als drehfreudig wie kaum ein anderer - und vor allem als absolut vollgasfest.

In der für Deutschland homologierten Version blieben 63 PS bei 8800/min und maximal 5,3 mkp Drehmoment bei 8100/min übrig, was für rund 190 km/h Höchstgeschwindigkeit allemal reichte. Und

Voll rollengelagert:
Wie auch der Kawasaki-Vierzylinder von Z1, Z 900 und Z 1000 wartete der GS 750-Vierzylinder mit einem komplett wälzgelagerten Kurbeltrieb auf. Das resultierte in hoher Standfestigkeit, aber auch feinen Vibrationen.

auch unter aufrecht sitzendem Fahrer fiel der Wert kaum nennenswert ab, sofern der Fahrer den Mut hatte, im vierten Gang etwas in den roten Bereich (der ab 9000/min begann) drehen zu lassen und erst dann den Fünften einzulegen. Und die gemessene Beschleunigung mit 4,5 Sekunden von Null auf 100 km/h war ein neuer Bestwert in der 750er-Klasse.

Derartige Drehzahl-Orgien verdaute der Motor klaglos, genehmigte sich dafür aber einen kräftigen Schluck. Suzuki warb doch tatsächlich mit kaum mehr als drei Litern pro 100 km, freilich nur bei konstant Tempo 60. In der Praxis dagegen lagen die Werte zwischen fünf und zwölf Litern auf 100 km, was selbst heute noch für hochgezüchtete Motorradmotoren nicht unüblich ist, freilich bei deutlich mehr Leistung und dementsprechend etwas höherem Durchschnittstempo.

Als herausragend war die neue Suzuki beim besten Willen nicht zu bezeichnen. Hierzulande war sie lediglich eine weitere 750er japanischer Herkunft, die sich auf dem deutschen Markt behaupten wollte. Und deshalb musste sie zumindest preislich attraktiv sein.

Knapp 7000 Mark wollte der deutsche Suzuki-Importeur im Frühjahr 1977 für eine GS 750, geradezu ein Sonderangebot. Klar: Suzuki konnte sich nur über den Preis in die 750er-Viertakt-Szene mischen und versuchen, den einen oder anderen Interessenten davon abzuhalten, sich eine andere japanische Vierzylindermaschine zu kaufen. Und obwohl in ganzseitigen Anzeigen in Fachzeitschriften versprochen wurde, dass mit Erscheinen der GS 750 die Weiterentwicklung der Motorräder mit Zweitaktmotoren keinesfalls beendet sei, waren hinter den Kulissen die Weichen im Hause Suzuki längst in Richtung Viertakter gestellt.

Die GT-Modelle des Hauses, also Suzuki-Motorräder mit Zweitaktmotor, sollten bereits ab Jahresende 1977 regelrecht verramscht werden, wobei jedes Motorrad egal welchen Herstellers in Zahlung genommen werden würde. Hauptsache weg mit den Zweitaktern, ab sofort sollte auch bei Suzuki den Motorrädern mit Viertaktmotoren absolute Priorität eingeräumt werden.

Die GS 750 war der erste Streich gewesen, mit ihr kam die GS 400 mit Zweizylinder-Viertaktmotor (passend gedrosselt für die neu geschaffene Haftpflicht-Versicherungsklasse bis 27 PS), und wenige Monate später folgten GS 550, GS 1000 und auch noch die GS 850 mit Gelenkwellen-Kraftübertragung zum Hinterrad.

Richtig los ging es aber erst mit Beginn der achtziger Jahre, als Suzuki die Viertaktszene mächtig un-

Nimm zwei:
Ursprünglich war für die GS 750 lediglich eine Scheibenbremse am Vorderrad vorgesehen. Doch Suzuki zeigte Einsicht und spendierte eine zweite.

ter Druck setzte. Längst Geschichte sind die leistungs- und drehmomentstarken Vierventil-Vierzylindermotoren der 1100er-GSX auch schon wieder. Doch wer heute eine GS 750 hat, kann stolz sein: Es ist zweifellos ein Meilenstein in der Suzuki-Motorradhistorie, von dem es heutzutage nur noch wenige top-erhaltene Originale gibt. Denn die GS 750 war auch eine beliebte Basis für sportliche Umbauten aller Art.

Technische Daten

Motor und Getriebe	
Bauart	4-Takt/Reihe, fahrtwindgekühlt
Zylinderzahl	4
Ventile je Brennraum	2
Bohrung in mm	65
Hub in mm	56,4
Hubraum in cm3	738
Verdichtung	8,7:1
Leistung in PS/Nenndrehzahl in 1/min	63 PS (46 kW) bei 8800/min
Gemischaufbereitung	
Bauart/Anzahl	Rundschieber-Vergaser/ 4
Hersteller	Mikuni
Venturi-Durchmesser in mm	26
Kraftübertragung	
Getriebe/ Anzahl Gänge	Klauen/ 5
Primärübersetzung	2,15
1. Gang	2,57
2. Gang	1,77
3. Gang	1,38
4. Gang	1,113
5. Gang	0,96
6. Gang	-
Sekundärübersetzung	2,74
Sekundärantrieb	Rollenkette
Elektrische Anlage	
Generatorleistung in Watt	200
Betriebsspannung in Volt	12
Zündung	Batterie-Spulen
Fahrwerk	
Rahmenbauart	Stahlrohr-Doppelschleifen-Rahmen
Radführung vorne	Telegabel
Federweg vorne in mm	140
Radführung hinten/Federbeine	Schwinge/ 2
Federweg hinten in mm	80
Radstand in mm	1490
Räder und Bremsen	
Felgengröße vorne	1.85" x 19"
Felgengröße hinten	2.15" x 18"
Bereifung vorne	3.25 H 19
Bereifung hinten	4.00 H 18
Bremse vorne/Durchmesser in mm	Doppelscheibe/250
Bremse hinten/Durchmesser in mm	Einzelscheibe/ 250
Maße und Gewichte	
Länge in mm	2250
Breite in mm	680
Höhe in mm	800
Gewicht in kg	253 (vollgetankt)
Tankinhalt in Litern	18
Fahrleistungen	
Höchstgeschwindigkeit langliegend	192 km/h
Preis	6990 DM (1977)

Triumph T 100 R Daytona

DAYTONA SPEEDFREAK

Hierzulande ist die Triumph T 100 R Daytona kaum bekannt, doch in den USA dafür umso mehr, wo die 500er-Modelle des englischen Herstellers Geschichte geschrieben haben.

Das bekannteste Triumph-Modell ist zweifellos die Bonneville. Die hubraum- und leistungsschwächeren Motorräder des Herstellers aus Meriden bei Coventry standen stets im Schatten dieser 650er, die sich vor allem in den USA einen Ruf als spurtstarkes, kerniges Männermotorrad gemacht hatte.
Dabei war es doch gerade der 500er-Zweizylindermotor, der Triumph mit der 1937 vorgestellten Speed Twin zum internationalen Durchbruch verholfen hatte, und der ein Jahr später, in der Tiger 100 und in leicht leistungsgesteigerter Form, dieser Halbliter-Triumph zu einer Höchstgeschwindigkeit

Das Männer-Motorrad schlechthin? Nun, jedenfalls stand der Name Triumph gerade in den USA hierfür, wo der T 100 R Daytona denn auch ein großer Erfolg beschieden war.

von 100 Meilen pro Stunde (160 km/h) verhelfen sollte - ein damals sensationeller Wert für ein ganz normales Serienmotorrad.
Nach dem Zweiten Weltkrieg erschien 1949 mit der 6 T die erste Triumph mit mehr als einem halben Liter Hubraum, entstanden vor allem auf Wunsch der US-Kundschaft, zu der Triumph mit Abstand die meisten Motorräder über den großen Teich schiffte. Aus dieser 6 T wurde, über die T 110, schließlich 1959 die Triumph T 120 »Bonneville«, die ihren Namen nach einem erfolgreichen Geschwindigkeits-Weltrekordversuch auf den Bonneville Salt Flats im US-Bundesstaat Utah erhalten hatte.
Eigentlich, so sollte man meinen, hätte doch spätestens jetzt kein Hahn mehr nach einer anderen Triumph gekräht, doch nach wie vor war das Interesse in den USA an einer 500er-Triumph groß. Denn die Halbliter-Triumph-Motoren durften für Rennmaschinen der zur AMA (American Motorcycle Association) zählenden Wettbewerbe verwendet werden, die 650er dagegen nicht. Das Reglement gestatte ohv-Motoren nämlich nur maximal 500 cm^3 Hubraum, während für seitengesteuerte (sv) Motoren, wie sie Harley-Davidson baute, bis zu 750 cm^3 Hubraum erlaubt waren.
1957 hatte Triumph eine neue Motorengeneration vorgestellt (die so genannte unit-construction), wo Motor-, Primärtrieb- und Getriebegehäuse nun formschön zu einem »Block« zusammengefasst waren. Wurde beim Ur-500er-Motor der Hubraum noch aus 63 mm Bohrung und 80 mm Hub erzielt, so waren es jetzt, bei der Triumph 5 TA, 69 mm und 65,5 mm.
Schnell erkannten US-Tuner und -Rennfahrer das Potenzial des neuen, kurzhubig ausgelegten und damit entschieden drehfreudigeren Triumph-Motors. Und seine große Zeiten mn US-Rennsport sollten in den sechziger Jahren auch kommen. Systematisch wurde die Leistung gesteigert, serienmäßig waren es zunächst noch nicht einmal 30 PS, doch

Schmalhans:
Die T 100 R Daytona baut erfreulich schmal. Die Frontansicht ist geprägt von den beiden seitlich herausgeführten Auspuffkrümmern.

Ja, es bremst:
Zwar sprach die amerikanische Presse von „Ankern", wenn's auf das Thema Bremsen kam. Wie eine kurze Testfahrt zeigte, ist die Duplex-Bremse aber höchstens ein Änkerchen.

1960 schon deren 32, drei Jahre später sollen es in den ausschließlich für die US-Kundschaft gebauten Sondermodellen bereits 38 PS gewesen sein, damals ein für eine 500er mehr als stolzer Wert. Gegen eine 650er und deren Drehmoment- und damit durchzugsstarkem Motor war damit freilich immer noch nicht anzustinken. Doch dafür drehten die Halbliter-Zweizylinder - obendrein noch mit weit weniger Vibrationen - locker in Bereiche, wo die großen Triumph-Motoren fast schon zu explodieren drohten. Hinzu kam, dank etwa fünf Zentimetern weniger Radstand und je nach Modell 15 bis 20 kg weniger Gewicht als bei einer 650er, eine enorme Handlichkeit. *Cycle World*, eine US-Fachzeitschrift, war 1962 voll des Lobes über eine T 100 S/R: »Unheimlich sanfter Motor, perfektes Getriebe und wirkungsvolle Bremsen«, wurden ihr attestiert. Und zu den Fahrleistungen : »Das Ding zieht ab wie keine andere 500er.« Exakt 100 Meilen pro Stunde Höchstgeschwindigkeit wurden gemessen. Womit

Leicht und wendig: Mit 160 Kilogramm Trockengewicht und dem breiten Lenker weiß die T 100 R Daytona im Fach Handling natürlich zu gefallen.

Ganz wie die Große: In Punkto Formgebung reiht sich die Daytona nahtlos in die bekannte Triumph-Philosophie ein.

die Halbliter-Triumph sogar noch schneller war als eine Ein-Vergaser-650er. Das R stand übrigens für »Road« (das Straßenmodell), die für Geländewettbewerbe gedachte Ausführung hieß T 100 S/C - C bedeutete natürlich für »Competition«.
Um AMA-Meister zu werden, galt es Punkte bei Bahn- wie auch bei Straßenrennen zu sammeln. Für die Flat Track- und TT-Races (Bahnrennen auch mit Rechtskurven und einem Sprung, wofür die Motorräder im Gegensatz zur reinen Flat Track-Maschine auch Bremsen haben mussten) waren entsprechend zurecht gemachte 500er-Triumph nun ganz heiße, den 750er-Harleys ebenbürtige Renner, zumindest auf den kürzeren Kursen. Das Ziel aber war der Gewinn des wohl prestigeträchtigsten Rennens des Landes, den 200 Meilen von Daytona. Harley-Davidson war von 1955 bis 1965, bis auf einen Triumph-Sieg 1962, ununterbrochen erfolgreich gewesen.

Unter Federführung von Triumph-Konstruktionschef Doug Hele enstand deshalb auf Basis der 500er-Triumph eine ganz speziell für dieses Hochgeschwindigkeitsrennen zugeschnittene Rennversion, die den damals rund 50 PS starken 750er-Werksmaschinen von Harley-Davidson in Sachen Leistung ebenbürtig und, was das Renntempo anbetraf, jenes Quentchen überlegen sein sollte, das zum Sieg benötigt wurde. Letzteres Kriterium war vergleichsweise einfach, kam doch die Kompaktheit einer 500er-Triumph der Formfindung für eine aerodynamisch günstige Vollverkleidung entgegen, weshalb knapp 50 PS bei etwa 9000/min samt eng gestuftem Viergang-Renngetriebe reichen müssten.
Die Mühen wurden belohnt: 1966 hieß der Sieger des 200 Meilen-Rennens von Daytona Buddy Elmore, und wenn es seinem Teamgefährten Gary Nixon nicht den Hinterreifen zerrissen hätte, wäre es sogar ein Doppelerfolg geworden. Dieser kam dafür 1967

Schnörkellos:
Tacho, Drehzahlmesser, einige Lämpchen – das wär's in Sachen Cockpit.

- und wie: Erster Gary Nixon, Zweiter Buddy Elmore. Dritter wurde Harley-Werksfahrer George Roeder, und zu aller Schmach hatte er auf die ersten beiden im Ziel auch noch eine Runde Rückstand. Logisch, dass Triumph die Daytona-Erfolge ausschlachtete, und die 500er ab sofort die Zusatzbezeichnung »Daytona« hinter ihrer Typenbezeichnung (T 100 R) tragen sollte. Für das 1968er-Modell, auf den ersten Blick schnell an den neuen Amal Concentric-Vergasern zu erkennen, wurde dem Serienmotor dazu noch leistungsmäßig auf die Sprünge geholfen. 41 PS bei 7200/min wurden angegeben. In Verbindung mit rund 170 kg Gesamtgewicht war damit eine 500er entstanden, die sich vor keiner anderen Maschine in dieser Hubraumklasse verstecken mußte. Richtig, da war doch auch noch die Honda CB 450, für deren bemerkenswerten dohc-Zweizylindermotor doch sogar noch ein kleines bißchen mehr Leistung angegeben wurde. Doch während in Europa (wo die 500er-Triumph-Modelle nie eine große Rolle spielten) die Honda von der Fachpresse regelrecht gefeiert wurde, war sie in den USA eher ein Flop. Denn der Name Honda war dort noch vergleichsweise unbekannt (was sich mit dem Erscheinen der CB 750 freilich schlagartig ändern sollte), und zudem sah eine CB 450 im Vergleich zu einer T 100 R Daytona wie ein Spielzeug aus. Und, nicht zu vergessen: Der Name Triumph stand nach wie vor schlicht und einfach für das Männermotorrad schlechthin.

Verständlich, dass die »Daytona« beste Kritiken in allen US-Fachzeitschriften erhalten sollte. »Ab etwa 4500/min scheint die Triumph Flügel zu bekommen«, schrieb *Cycle World*. In kaum mehr als sieben Sekunden hatte sie aus dem Stand auf 100 km/h beschleunigt, schaffte die Viertelmeile (402, 25 Meter) mit stehendem Start in weniger als 15 Sekunden und schaffte fast 170 km/h Höchstgeschwindigkeit.

Die Bremsen (»Vorn und hinten gleichzeitig gebremst – es ist, als würde ein Anker geworfen«), das Fahrverhalten sowie der Komfort erhielten Bestnoten. Und zum Thema Verarbeitung, sprich Qualität, meinte *Cycle World*: »Man muss schon lange und gründlich suchen, um überhaupt etwas zu finden, das den Standard einer Triumph erreicht. Die Daytona ist ein Meisterwerk, schlicht und einfach schön.«

Doch leider sollten mit Beginn der siebziger Jahre die Tage dieses Triumph-Modells gezählt sein, nicht nur im AMA-Rennsport (wo ab 1969 auch für ohv-Motoren bis zu 750 cm^3 Hubraum erlaubt waren), sondern auch auf den öffentlichen Straßen. Die Konkurrenz aus Japan, zwar allesamt mit schnöden, dafür aber leistungsstarken Zweitaktmotoren, machte einer Daytona das Leben schwer. Hinzu kamen sich verschärfende Fahrgeräusch-Bestimmungen in den US, sodass das 1972er-Modell gerade noch die für 1972 geltenden Werte schaffen sollte. Ohnehin waren die angegebenen 41 PS eine eher

Yes, Sir!
Frank-Albert Illg ist unter anderem bekennender Engländer-Fan, in der Klassiker-Szene ein fester Begriff und obendrein ein freundschaftlicher Helfer. Hier half er mit seiner privaten T 100 R Daytona und dem dazugehörigen Text aus.

optimistische Zahl, realistisch dürften es es zwischen 36 und 38 PS gewesen sein. Wie dem auch sei, für Triumph war es mit Beginn der siebziger Jahre schier unmöglich, leistungsmäßig mitzuhalten und dem 500er-Motor vielleicht noch vier oder fünf PS mehr zu entlocken und dabei noch die Geräuschwerte einzuhalten. Und spätestens als Honda seine CB 500 Four (als 1972er Modell) mit nominell 48 PS vorstellte, war der Ofen für eine T 100 R Daytona im September 1973 endgültig aus. Und so endete nach 25 Jahren ein Kapitel in der Triumph-Firmengeschichte, wie es mit der Tiger 100 einst begann.

Technische Daten

Motor und Getriebe	
Bauart	4-Takt/Reihe, fahrtwindgekühlt
Zylinderzahl	2
Ventile je Brennraum	2
Bohrung in mm	69
Hub in mm	65,5
Hubraum in cm3	490
Verdichtung	9,0:1
Leistung in PS/Nenndrehzahl in 1/min	41 PS (30 kW) bei 7200/min
Gemischaufbereitung	
Bauart/Anzahl	Rundschieber-Vergaser/ 2
Hersteller	Amal
Venturi-Durchmesser in mm	26
Kraftübertragung	
Getriebe/ Anzahl Gänge	Klauen/ 4
Primärübersetzung	2,23
1. Gang	2,47
2. Gang	1,61
3. Gang	1,22
4. Gang	1,00
5. Gang	-
6. Gang	-
Sekundärübersetzung	2,55
Sekundärantrieb	Rollenkette
Elektrische Anlage	
Generatorleistung in Watt	120
Betriebsspannung in Volt	12
Zündung	Batterie-Spulen
Fahrwerk	
Rahmenbauart	Stahlrohr-Rahmen
Radführung vorne	Telegabel
Federweg vorne in mm	120
Radführung hinten/Federbeine	Schwinge/ 2
Federweg hinten in mm	80
Radstand in mm	1360
Räder und Bremsen	
Felgengröße vorne	WM 2" x 19"
Felgengröße hinten	WM 3" x 18"
Bereifung vorne	3.25-19
Bereifung hinten	4.00-18
Bremse vorne/Durchmesser in mm	Trommel/200
Bremse hinten/Durchmesser in mm	Trommel/178
Maße und Gewichte	
Länge in mm	2134
Breite in mm	685
Höhe in mm	760
Gewicht in kg	160 (trocken)
Tankinhalt in Litern	13,6
Fahrleistungen	
Höchstgeschwindigkeit langliegend	160 km/h
Preis	4800 DM (1971)

Triumph Trident 750

MIT DREI DABEI

TRIUMPH

Mit drei Zylindern und eigenständigem, englischem Charakter schickte sich die Triumph Trident 750 als T 160 im Jahr 1975 letztmals an, der etablierten Honda CB 750 Konkurrenz zu machen.

Die Geschichte der Triumph Trident 750 beginnt genau genommen bereits Anfang der 60er Jahre. Damals hatte der englische Hersteller Triumph längst die USA als Haupt-Absatzmarkt ausgedeutet und wollte der Kundschaft ein neues, leistungsfähigeres Modell als die angestammte 650er Bonneville mit Zweizylinder-Motor bieten. Die beiden Konstrukteure Bert Hop-

Die letzte Trident:
Bei der T 160 kam der Motor der BSA Rocket III zum Einsatz, der im Gegensatz zu den bislang verbauten Trident-Motoren über schräg nach vorne geneigte Zylinder verfügt.

Etwas ärmlich:
Die vordere Einscheibenbremse vermochte die mächtige Trident nur unzureichend zu verzögern.

Wirkt zugeschnürt:
Die verschärften Geräusch- und Abgasgrenzwerte schlugen sich beim Trident-Dreizylinder der T 160 in einer merklich zahmeren Leistungsentfaltung nieder.

wood und Doug Hele waren sich einig, dass ein spurtstärkeres und schnelleres Motorrad konstruiert werden müsse, und hierfür kam nach Ansicht der beiden nur ein Dreizylinder-Modell in Frage. Schon 1962 reiften dafür Pläne, doch Triumph-Chef Edward Turner, Konstrukteur des legendären Zweizylinders »Speed Twin« war von der Idee alles andere als begeistert und unterband die Arbeiten zu diesem Projekt. Erst als Turner 1964 pensioniert wurde, durften die Pläne einer Dreizylinder-Triumph wieder ans Tageslicht, und Turner`s Nachfolger Harry Sturgeon gab schließlich sein Okay für die Entwicklung, zumal 1965 bereits Gerüchte durchsickerten, der japanische Gigant Honda arbeite an einer 750er mit vier Zylindern und sehr viel Leistung. Nach nur zwölf Monaten Entwicklungszeit liefen die ersten Trident-Prototypen, und Testfahrer Percy Tait – heute Pferdezüchter – spulte hunderte von Meilen ab, um die Zuverlässigkeit des Dreizylinders auf Herz und Nieren zu prüfen. Am Rande sei erwähnt, dass besag-

Schlicht klassisch: Wie die meisten Maschinen dieser Zeit besitzt auch die Trident T 160 zwei einzeln stehende Instrumente und die notwendigsten Kontrolleuchten für Blinker, Fernlicht, Leerlauf und Öldruck.

ter Percy Tait – der übrigens 1971 auf einer Trident den Bol d'or gewann – etliche Jahre später auch Hand bei der Abstimmung japanischer Maschinen anlegte. So zeichnete er etwa für die Fahrwerksverbesserungen an der Yamaha XS 650 verantwortlich. In Serie ging der Dreizylinder-Motor von Triumph mit seiner 120 Grad-Kurbelwelle schließlich im Jahre 1968, wobei die ersten Modelle nach Amerika exportiert wurden. Europa konnte sich erst im Frühjahr 1969 über den Triumph-Drilling freuen, der kurioserweise sowohl in Form eines BSA- als auch eines Triumph-Modells erschien.

Triumph gehörte seinerzeit bereits zum BSA-Konzern (British Small Arms), und die Konzernleitung beschloss, dass das Top-Modell selbstverständlich bei BSA in Birmingham gefertigt und auch den BSA-Schriftzug tragen müsse. Außerdem spielten auch marktpolitische Erwägungen eine Rolle. Auf dem wichtigen US-Markt mussten sowohl die BSA- als auch die Triumph-Händler ein schlagkräftiges Modell gegen die Bedrohung aus Fernost aufweisen können. Am Weg über eine Doppelstrategie mit zwei Modellen führte also nichts vorbei. Entsprechend entstand einmal die Triumph Trident 750 und andererseits die BSA Rocket 3, die sich von der Triumph in erster Linie durch die leicht nach vorne geneigten Zylinder, aber auch durch das Design unterschied. Ausserdem besaß die BSA einen Doppelschleifenrahmen, wohingegen die Triumph einen Einrohrrahmen aufzuweisen hatte. Für welche der beiden ansonsten weitgehend identischen Maschinen sich der Kunde nun entschied, hing völlig vom persönlichen Geschmack oder von der Treue zu einer der beiden Traditionsmarken ab. Ein Unterschied in den Fahrleistungen war nicht auszumachen. Beide Motoren leisteten 58 PS bei 7250/min und erlaubten eine Höchstgeschwindigkeit von gut 190 km/h.

Während das Ende der BSA Rocket 3 bereits 1972 mit dem Zusammenbruch des BSA-Werks kam, überlebte die Trident 750 noch bis ins Jahr 1975. Die drohende Schließung des Triumph-Werkes be-

Schmale Silhouette: Die Trident geriet den Triumph-Konstrukteuren erfreulicherweise schmal. Sportlichem Fahren stand damit nichts im Wege.

Technische Daten

Motor	
Bauart	4-Takt/Reihe
Zylinderzahl	3
Ventile je Brennraum	2
Ventiltrieb	OHV
Bohrung in mm	67
Hub in mm	70
Hubraum in cm^3	741
Verdichtung	9,5:1
Leistung in PS/Nenndrehzahl in 1/min	58/7250
Gemischaufbereitung	
Bauart/Anzahl	Rundschieber-Vergaser/3
Hersteller	Amal
Venturi-Durchmesser in mm	27
Kraftübertragung	
Getriebe/Anzahl Gänge	Klauen/5
Primärübersetzung	1,8
1. Gang	2,55
2. Gang	1,82
3. Gang	1,38
4. Gang	1,18
5. Gang	0,99
Sekundärübersetzung	2,95
Sekundärantrieb	Rollenkette
Elektrische Anlage	
Generatorleistung in Watt	120
Betriebsspannung in Volt	12
Zündung	Batterie-Spulen-Zündung
Fahrwerk	
Rahmenbauart	Einschleifen-Rohrrahmen aus Stahl mit gegabeltem Unterzug
Radführung vorne	Telegabel
Federweg vorne in mm	145
Radführung hinten/Federbeine	Schwinge/2
Federweg hinten in mm	105
Radstand in mm	1505
Räder und Bremsen	
Felgengröße vorne	2.15" x 19"
Felgengröße hinten	2.15" x 19"
Bereifung vorne	4.10-19
Bereifung hinten	4.10-19
Bremse vorne/Durchmesser in mm	Einzelscheibe/254
Bremse hinten/Durchmesser in mm	Einzelscheibe/254
Maße und Gewichte	
Länge in mm	2190
Breite in mm	860
Höhe in mm	1140
Sitzhöhe in mm	900
Gewicht in kg	230 (vollgetankt)
Tankinhalt in Litern	18
Fahrleistungen	
Höchstgeschwindigkeit langliegend in km/h	193
Preis	6.310.- Mark (1975)
Hersteller	Triumph Engineering Co., Ltd., Meriden Works, Allesley, Coventry, England

antwortete die Belegschaft mit der Besetzung der Fabrik und der Schaffung einer Arbeiter-Kooperative, und so wurde die Trident-Produktion unter der Neufirmierung Norton-Villiers-Triumph bis 1975 fortgesetzt. Den Schlusspunkt der Trident-Entwicklung markierte das 1975 gebaute Modell T 160, das nun über Linksschaltung verfügte. Im Gegensatz zur BSA Rocket 3, von der die T 160 den Dreizylinder mit nach vorne geneigten Zylindern übernahm, besass die T 160, wie schon ihre Vorgängermodelle, zudem ein Fünfganggetriebe. Ausserdem spendierten ihr die Techniker einen elektrischen Anlasser sowie Scheibenbremsen vorne und hinten.
Mit 58 PS bei 7250 Umdrehungen pro Minute war die T 160 auf dem Papier genauso kräftig wie die Vorgängerinnen, doch in der Praxis wirkten sich die

Bequemer Sport-Tourer:
Mit der entspannten Sitzposition und dem angenehm zu fahrenden Motor eignete sich die Trident vor allem für flotte, genüssliche Touren.

Ende einer Ära:
Mit der T 160 liefen die letzten Dreizylinder-Triumph vom Band. Es dauerte schließlich 15 Jahre, bis der Name Triumph und die Modellbezeichnung Trident mit moderner Technik wiederbelebt wurde.

vom Gesetzgeber vorgeschriebenen Massnahmen für eine wirkungsvollere Dämpfung der Ansaug- und Auspuffgeräusche verheerend aus. Die Drehfreudigkeit und Agilität der früheren Trident-Modelle war wie weggeblasen – ein Eindruck, der durch das höhere Gewicht von nunmehr 230 statt 225 Kilogramm noch verstärkt wurde.
Heute sind Triumph Trident-Modelle sehr gesucht, und das gilt auch für die T 160, wie sie uns von der Firma Motorcorner in Wangen bei Göppingen für diese Fotoaufnahmen präsentiert wurde. In derartigem Pflegezustand erzielen die Trident mühelos Preise jenseits der 6.000 Euro-Grenze, und selbst Maschinen in weniger gutem Pflegezustand sind nur selten für weniger Geld zu haben.

agv

Yamaha TX 750

PROBLEMFALL

Wenn eine missglückte Premiere wirklich der Grundstein zum Erfolg sein soll, dann passt dieses Sprichwort im Falle der Yamaha TX 750 perfekt.

Motorräder mit Zweitaktmotoren, mit maximal zwei Zylindern, hatten Yamaha mit Beginn der sechziger Jahre in aller Welt bekannt werden lassen. Ausgangsbasis für die Japaner war die deutsche Adler und deren 250er-Zweizylindermotor gewesen, und zielstrebig verfolgte Yamaha dieses Arbeitsprinzip weiter.

Als die Frage nach einem hubraumstarken Motorrad mit Viertaktmotor beantwortet werden musste, sollte es die 650er namens XS 1 werden. Yamaha hatte sich auf dem in den sechziger Jahren wich-

Eigentlich schön, aber...: Mit der TX 750 landete Yamaha einen Flop. Die Technik war so innovativ wie anfällig und kratzte zu sehr am Image des Twins.

tigsten Absatzmarkt, den USA, umgesehen und konstatiert, dass die Engländer - allen voran Triumph mit der Bonneville - ihre dicken Dinger dort wie warme Semmeln verkauften. Auch deshalb also die XS 1, allerdings mit einem modernen Zweizylinder-Viertaktmotor mit nebeneinander angeordneten, senkrecht stehenden Zylindern, mit kettengetriebener, obenliegender Nockenwelle, 180 Grad Hubzapfenversatz (also ein sogenannter Gegenläufer), und schon mit Fünfganggetriebe, während Triumph und Co. lediglich vier Gänge vorweisen konnten.

Ende 1970 wurde die nächste Stufe gezündet, sie hieß TX 750 und hatte ebenfalls einen Zweizylinder-Viertaktmotor mit kettengetriebener, obenliegender Nockenwelle, ansonsten aber kaum noch etwas mit einer XS gemeinsam. Die Yamaha-Konstrukteure hatten mit einem weißen Blatt Papier auf dem Zeichentisch begonnen. Es sollte diesmal, wie auch bei der Norton Commando, ein Gleichläufer-Motor sein, bei dem also beide Kolben gleichzeitig auf und ab laufen. Genügend Dampf aus dem Drehzahlkeller wäre damit gegeben, und die in der 750er-Klasse üblichen, gut 60 PS Höchstleistung ließen sich, so waren die Yamaha-Ingenieure überzeugt, ebenfalls realisieren.

Doch sie wussten auch aus eigener Erfahrung (Yamaha hatte sich nämlich eine Norton Atlas, den Commando-Vorläufer, für Versuchszwecke gekauft), dass so ein Motor konstruktionsbedingt ein rauher Kerl werden würde, primär wegen seiner Massenkräfte erster Ordnung. Und so sollten die vom Kurbeltrieb verursachten, also prinzipbedingten Vibrationen durch zusätzlich und künstlich erzeugte Vibrationen bekämpft werden, im Falle Yamaha durch zwei kurze, über Kette angetriebene und mit Kurbelwellen-Drehzahl laufenden Wellen mit exzentrisch angeordneten und unterschiedlich schweren Ausgleichsmassen.

Die Welle mit dem schwereren Gewicht rotierte

Wenn Sie lief, dann....:
Der so genannte omni-phase balancer in Form zweier Ausgleichswellen sorgte im idealen Fall für einen seidenweichen Motorlauf. Bei harter Beanspruchung bereitete diese Technik aber Probleme.

Kurze Episode:
nur 600 Einheiten kamen von der TX 750 nach Deutschland. Ihre Produktion wurde 1974 sang- und klanglos eingestellt.

entgegen, jene mit dem leichteren Gewicht dagegen in Kurbelwellen-Drehrichtung. Die somit erzeugten Schwingungen in vertikaler respektive horiztontaler Richtung sollten den Schwingungen des Kurbeltriebs entgegenwirken. »Omni-phase balancer« taufte Yamaha seinen konstruktiven Kniff, und was mittlerweile bei Motorradmotoren längst selbstverständlich geworden ist, war vor über 30 Jahren eine kleine Sensation. Die US-Fachzeitschrift *Cycle World* war jedenfalls von der Wirksamkeit der beiden Ausgleichswellen begeistert. »Unglaublich, mit geschlossenen Augen könnte man meinen, auf einem Motorrad mit Vierzylindermotor zu sitzen.« Und wirklich: Bei Tempo 140 im Fünften, wobei der Motor etwa 5500/min drehte, waren kaum Vibrationen zu spüren, allenfalls ein paar ganz feine Frequenzen im Lenker. Jedenfalls gar nichts im Vergleich zu dem, was bei dieser Drehzahl der Fahrer einer Triumph Bonneville ertragen zu hatte. Yamaha gab 63 PS bei 6500/min als Höchstleistung an und lag damit auf dem Niveau der damaligen

Uhren à la Yamaha:
Das Arrangement von Tachometer und Drehzahlmesser war von anderen Yamaha-Modellen her bereits bekannt.

Mit guten Ideen:
Neben den Ausgleichswellen als Vibrationskiller gefiel die TX 750 vor allem mit ihrem glattflächigen Äußeren. Bis dato hatte man Twins dieser Machart deutlich zerklüfteter in Erinnerung.

750er-Konkurrenten aus dem Hause Honda, Suzuki sowie den englischen BSA- und Triumph-Dreizylindermodellen. Mit 235 kg war die TX 750 aber auch ebenso schwer, worunter das Beschleunigungsvermögen natürlich zu leiden hatte, was sich mit einer vergleichsweise kurzen Gesamtübersetzung aber etwas kaschieren ließ, zumal sich der Motor erst ab etwa 4000/min ins Zeug zu legen schien. Und so drehte der Motor dafür, wenn es sein musste, locker in den ab 7000/min beginnenden roten Bereich, selbst noch im fünften Gang und bei klein gemachtem Fahrer, was rund 170 km/h Höchstgeschwindigkeit ergab. Aus dem Stand auf 100 km/h zu beschleunigen, dauerte kaum mehr als sechs Sekunden, und die Werte für den Sprint über die Viertelmeile lagen jederzeit auf CB 750-Niveau, waren aber immer noch Welten entfernt von den Zeiten, die mit einer Norton Commando oder Triumph Trident möglich waren.

Dass es einer TX 750 recht warm ums Herz werden sollte, fiel dem Fahrer schnell auf. Vor allem dessen rechter Unterschenkel bekam die Wärmeabstrahlung vom Ölbehälter hinter dem rechten Seitendeckel zu spüren. Drei Liter Schmierstoff (Yamaha empfahl Mehrbereichsöl der Viskositätsklasse 20 W 40) sind theoretisch bei Trockensumpfschmierung ausreichend genug, vorausgesetzt, das Öl hat Zeit, sich abzukühlen. Doch im Gegensatz etwa zu ei-

Gefällige Anlagen:
Fahrwerksseitig konnte die spurstabile und durchaus kurvenwillige TX 750 durchaus gefallen.

nem Bonneville-Motor, wo Primärtrieb und Getriebe separat geschmiert sind, musste das Öl im TX-Motor auch noch durch dessen Primärtrieb und Getriebe. Hinzu kam, dass die von Yamaha gewählte Lösung des Druckausgleichs zwischen den Auspuffkrümmern nicht gerade glücklich gewählt war: ein Leichtmetall-Gussstück, direkt an den Auslasskanälen vorn am Zylinderkopf angeflanscht - also ausgerechnet an einer Stelle, wo so viel kühlender Fahrtwind wie nur möglich anströmen sollte. In den USA, wo mit einer TX 750 selten im höheren Drehzahlbereich gefahren wurde, waren die Konsequenzen längst nicht so dramatisch wie etwa in Deutschland, wo damals selbst noch abseits der Autobahnen nach Belieben das Gas offengehalten werden konnte.
Ende 1972 wurde die TX 750 für Deutschland homologiert. Von den - nach SAE-Norm ermittelten - 63 PS blieben am Ende 51 PS bei 7200/min übrig. Mit knapp 6000 Mark kostete die große Yamaha zwar ein klein wenig mehr als eine BMW R 75/5, aber deutlich weniger als andere 750er. Rund 700 Exemplare brachte der deutsche Importeur an den Mann, und handelte sich damit einen Haufen Ärger und Probleme ein. Die Tester der Zeit-

Eingebremst:
Ursprünglich leistete der TX 750-Twin 63 PS, doch für die deutsche Homologation blieben noch deren 51 übrig.

schrift *Das MOTORRAD* ermittelten zwar unter geducktem Fahrer gut 180 km/ Höchstgeschwindigkeit (aufrecht sitzend imer noch fast 170 km/h), doch derart hart rangenommen zeigte der TX-Motor schnell seine Schwächen: Die Antriebskette der Ausgleichswellen längte sich, womit der »Omniphase balancer« aus dem Rhythmus kam und die Vibrationen eher noch verstärkt spüren ließ. Hinzu kamen Kupplungs- und Schaltungsprobleme bis hin zu Lagerschäden bei Kurbel- und Nockenwelle. Doch Yamaha half schnell und unbürokratisch, was der Marke damals viel Anerkennung einbrachte. Noch 1973 wurde auf eine Exzenter-Nachspannmöglichkeit der Antriebskette für die Ausgleichswellen umgebaut, 1974 folgten ein neuer Nockenwellen-Lagerbock samt Anlaufscheiben für das notwendige Axialspiel, neue Pleuel, neue Zylinderkopfdichtung, geänderte Zuganker, neue Räder für den Primärtrieb und, ebenfalls zum Zwecke der Geräusch-Minimierung, eine neue Nockenwelle mit sanfteren Anlauframpen. Und dann auch noch ein Ölkühler.

Noch etwa 600 TX 750 ließen sich 1974 verkaufen, bevor ihre Produktion sang- und klanglos eingestellt wurde. War weder die XS 1 noch deren Nachfolgerin, die XS 2, ein Erfolgsmodell gewesen, so ging der Versuch von Yamaha, sich mit der TX 750 in der großen Hubraumklasse zu etablieren, voll daneben. Das Image war jedenfalls schwer angekratzt, und die Sorgenfalten beim deutschen Importeur, ob sich überhaupt jemals wieder eine Yamaha mit Viertaktmotor verkaufen würde, waren verständlich. Doch schon wenig später sollten alle Bedenken wie weggeblasen erscheinen. Mit der XT 500 von 1976 gelang Yamaha der Wurf schlechthin, und mit einer völlig neu entwickelten 750er mit Dreizylinder-Reihenmotor mit zwei obenliegenden Nockenwellen sollte ab 1977 endlich bewiesen werden, dass Yamaha künftig auch bei den Motorrädern mit Viertaktmotoren ernst zu nehmen ist.

Technische Daten

Motor und Getriebe	
Bauart	4-Takt/Reihe, fahrtwindgekühlt
Zylinderzahl	2
Ventile je Brennraum	2
Bohrung in mm	80
Hub in mm	74
Hubraum in cm3	743
Verdichtung	8,8:1
Leistung in PS/Nenndrehzahl in 1/min	51 PS (38 kW) bei 7200/min
Gemischaufbereitung	
Bauart/Anzahl	Rundschieber-Vergaser/ 2
Hersteller	Mikuni
Venturi-Durchmesser in mm	38
Kraftübertragung	
Getriebe/ Anzahl Gänge	Klauen/ 5
Primärübersetzung	2,25
1. Gang	2,46
2. Gang	1,59
3. Gang	1,30
4. Gang	1,09
5. Gang	0,96
6. Gang	-
Sekundärübersetzung	2,35
Sekundärantrieb	Rollenkette
Elektrische Anlage	
Generatorleistung in Watt	180
Betriebsspannung in Volt	12
Zündung	Batterie-Spulen
Fahrwerk	
Rahmenbauart	Stahlrohr-Doppelschleifen-Rahmen
Radführung vorne	Telegabel
Federweg vorne in mm	120
Radführung hinten/Federbeine	Schwinge/ 2
Federweg hinten in mm	80
Radstand in mm	1455
Räder und Bremsen	
Felgengröße vorne	2.15" x 19"
Felgengröße hinten	2.15" x 18"
Bereifung vorne	3.50 H 19
Bereifung hinten	4.00 H 18
Bremse vorne/Durchmesser in mm	Doppelscheibe/300
Bremse hinten/Durchmesser in mm	Trommel/180
Maße und Gewichte	
Länge in mm	2205
Breite in mm	730
Höhe in mm	800
Gewicht in kg	240 (vollgetankt)
Tankinhalt in Litern	19
Fahrleistungen	
Höchstgeschwindigkeit langliegend	190 km/h
Preis	6152 DM (1974)

Yamaha R5

LEICHT-GEDICHT

Wer viel Leistung für wenig Geld erwartete, wurde Anfang der 70er Jahre von der Yamaha R 5 nicht enttäuscht. Mit 36 PS und wenig Gewicht begeisterte sie als leichte und schnelle Maschine vor allem auf kurvenreichen Landstraßen.

Eine blaue Ölwolke steigt an der Kreuzung auf, gleichzeitig dringt Zweitaktsägen ans Ohr – Yamaha R 5 in Aktion. So oder ähnlich las es sich seinerzeit in vielen Testberichten der Fachjournaille, und meistens zu recht. Wie sich nämlich rasch herausstellte, reagierte die Zweitakt-Yamaha durchaus sensibel auf die Wahl des Zündkerzen-Wärmewertes, die Ölsorte für die Getrennt-

Zweitakt-Rakete:
Die Yamaha R5 bestach zu ihrer Zeit mit einem leistungsstarken Zweizylinder-Zweitakter. Heute gefällt die Kombination aus Leistung und geringem Gewicht nach wie vor.

Loderndes Zweitakt-Feuer: Stramme 36 PS leistet der Zweitakt-Zweizylinder. Genung für 155 km/h Höchstgeschwindigkeit.

Wie gewohnt: Auch bei der R5 finden sich zwei Rund-Instrumente für die Information über Geschwindigkeit und Motordrehzahl.

schmierung sowie die Einstellung der Ölpumpe. Lag an einem dieser Parameter etwas im Argen, quittierte dies die Yamaha postwendend mit mehr oder weniger heftigen Unmutsäußerungen. Wurde werkstattseitig jedoch penibel auf die Einstellungen geachtet, belohnte die R 5 ihren Fahrer mit einer Dynamik, wie sie in jenen Tagen weitaus stärkeren und teureren Motorrädern vorbehalten waren. Dies auch deshalb, weil gegenüber dem Vorgängermodell der R 5, der YR-3, auch die Getriebeabstufung deutlich verbessert wurde, was wesentlich bessere Anschlüsse der aufeinanderfolgenden Gänge beim Beschleunigen bescherte. Zudem überarbeiteten die Konstrukteure den Motor völlig – im Grunde war er eine Neukonstruktion – und die Leichtmetallzylinder mit fünf Überströmkanälen erhielten optimierte Kanalgestaltungen und Steuerzeiten, die für mehr Leistung und Drehmoment über den gesamten Drehzahlbereich sorgten.
Die Rechnung der Konstrukteure, die 36 gut im Futter stehenden Pferdestärken des auf 6,9 zu eins verdichteten Zweitakt-Zweizylinders mit nur 154 Kilogramm Gewicht (fahrfertig) zu verbinden, ging vor allem auf kurvenreichen Landstraßen auf. Drehte ein versierter Pilot am Gas, mussten sich selbst Vierzylinder-Maschinen vom Schlage einer Honda CB 750 oder gar einer Kawasaki Z1 900 in Acht nehmen. Mit nur 1320 Millimetern Radstand geriet die R 5 spielerisch handlich und zeigte – die korrekte Bereifung vorausgesetzt – auch im Hochgeschwindigkeitsbereich keinerlei Tücken. Mit den originalen japanischen Pneus jedoch sah dies anders aus. Der serienmäßig montierte Vorderradreifen verfügte nämlich über einen Mittelsteg, der für Fahrwerksunruhen und ein kippeliges Fahrverhalten sorgte. Als Geheimrezept empfahlen die Tester der Zeitschrift MOTORRAD seinerzeit stets die Umbereifung auf Metzeler, was durchschlagenden Erfolg zeitigte. Empfehlenswert war auch in jedem Fall der Einbau von Koni-Federbeinen, die sich vor allem im extrem sportlichen Betrieb sowie auf Fahrten über Landstraßen dritter Ordnung auszahlten.

Stummel-Lenker und Höckersitzbank trimmten die R 5 öfters auch zu einer Art Rennmaschine. Für den dann meist anvisierten Betrieb als Solomotorrad reichte die Trommelbremse vorne, unterstützt von der Trommelbremse hinten, einigermaßen aus. Im Zweipersonenbetrieb jedoch wünschten sich die Fahrer durchaus eine Scheibenbremse, die kräftiger zupackt und in ihrer Wirkung konstanter bleibt. Das Nachfolgemodell, die RD 350 berücksichtigte 1973 diesen verständlichen Wunsch der Yamaha-Kunden. Trotz kleiner Unzulänglichkeiten wie etwa der Motorabstimmung sowie Federelementen und Bremsen gewann die 350er von Yamaha zahlreiche Freunde, war sie doch ein sehr schnelles und doch preisgünstiges Motorrad ihrer Zeit, das sich in punkto Fahrdynamik nicht zu verstecken brauchte. Heute sehen wir von ihr nur noch selten wirklich gut erhaltene Exemplare – die meisten gingen durch viele Hände und wurden so nach und nach aufgearbeitet.

Rank und schlank:
Nur 154 Kilogramm Gewicht, vollgetankt, und eine hagere Silhouette ermöglichen der 350er hervorragende Fahrleistungen.

Am Limit:
Die vordere Trommelbremse vermag dem Vortrieb nur begrenzt Einhalt zu gebieten. Das Nachfolgemodell erhielt eine Scheibenbremse.

Weichteile:
Die beiden Federbeine wurden von vielen R5-Eignern alsbald gegen bessere Zubehör-exemplare ausgetauscht. Meist kamen die bewährten Konis zum Einsatz.

Jugend forsch:
Der günstige Preis machte die schnelle R5 vor allem für jüngere Motorradfahrer attraktiv.

Technische Daten

Motor	
Bauart	2-Takt/Reihe
Zylinderzahl	2
Ventile je Brennraum	-
Ventiltrieb	-
Bohrung in mm	64
Hub in mm	54
Hubraum in cm^3	347
Verdichtung	6,9:1
Leistung in PS/Nenndrehzahl in 1/min	36/7000
Gemischaufbereitung	
Bauart/Anzahl	Rundschieber-Vergaser/2
Hersteller	Amal
Venturi-Durchmesser in mm	28
Kraftübertragung	
Getriebe/Anzahl Gänge	Klauen/5
Primärübersetzung	2,87
1. Gang	2,571
2. Gang	1,778
3. Gang	1,318
4. Gang	1,040
5. Gang	0,889
Sekundärübersetzung	2,29
Sekundärantrieb	Rollenkette
Elektrische Anlage	
Generatorleistung in Watt	100
Betriebsspannung in Volt	12
Zündung	Batterie-Spulen-Zündung mit Unterbrechern
Fahrwerk	
Rahmenbauart	Doppelschleifenrohr-Rahmen aus Stahl
Radführung vorne	Telegabel
Federweg vorne in mm	120
Radführung hinten/Federbeine	Schwinge/2
Federweg hinten in mm	75
Radstand in mm	1320
Räder und Bremsen	
Felgengröße vorne	1.60" x 18"
Felgengröße hinten	1.85" x 18"
Bereifung vorne	3.00-18
Bereifung hinten	3.50-18
Bremse vorne/Durchmesser in mm	Trommel/180
Bremse hinten/Durchmesser in mm	Trommel/180
Maße und Gewichte	
Länge in mm	2020
Breite in mm	760
Höhe in mm	1230
Sitzhöhe in mm	770
Gewicht in kg	154 (vollgetankt)
Tankinhalt in Litern	12
Fahrleistungen	
Höchstgeschwindigkeit langliegend in km/h	155
Preis	3.395,- Mark (1970)
Hersteller	Yamaha Motor Co.; Ltd., 280 Nakajo, Hamakita-Shi, Shizuoka-Ken, Japan

Yamaha XS 650

KLASSISCHER EINFALL

YAMAHA

Als japanische Alternative zu Bonnie & Co. präsentierte Yamaha 1975 mit der XS 650 ein Zweizylinder-Modell, das sich optisch ganz klar an den klassischen englischen Vorbildern orientierte.

Wenn wir heute die Kleinanzeigen in den einschlägigen Motorrad-Fachzeitschriften studieren, finden wir sie nur höchst selten zum Kauf angeboten, die Yamaha XS 650, und auch auf der Straße ist sie eine Rarität. Kurzum: Gepflegte XS 650 sind selten und entsprechend gesucht. Umso glücklicher waren wir deshalb, als die Firma Motorcorner im schwäbischen Wangen bei Göppingen ihr »Schatzkämmerlein« öffnete und eine XS 650 mit sage und schreibe null Kilometern Laufleistung für den geplanten Fototermin bereitstellte.

Ein kräftiges Herz: Der 650er Paralleltwin bietet eine sehr angenehme Leistungscharakteristik. Obendrein gebührt ihm das Prädikat »schön und zuverlässig«.

Alte Bekannte:
Das Cockpit dieser Yamaha XS 650 fand sich später noch bei zahlreichen anderen Modellen in sehr ähnlicher Form wieder.

Schlanke Erscheinung:
Den Yamaha-Technikern gelang mit der XS 650 ein sehr schlankes Motorrad. Unsinnig abstehende Bauteile? Fehlanzeige!

Auf den Markt kam die XS 650 im Jahre 1975 als Nachfolgerin der glücklosen TX650/TX 750-Modelle, die sich bei so manchem Kunden als „Pflegefall" etablierten. Im Gegensatz zur Vorgängerin sah die XS 650 nicht nur weitaus „englischer" aus, sondern benahm sich auch so. Dämpften bei der TX 750 noch Ausgleichsgewichte die Vibrationen, so durfte der XS 650-Zweizylinder, der als Paralleltwin konstruiert war, seinen Lebensäußerungen freien Lauf lassen. Mit anderen Worten: Good Vibrations waren bei diesem Twin angesagt.

Mit 50 PS Leistung – beim ersten Modell waren es sogar 51 – schwang sich die 650er bei den ersten Messungen der Zeitschrift MOTORRAD zu immerhin 180 km/h Höchstgeschwindigkeit auf, wohingegen das im Hinblick auf verschärfte Geräuschbestimmungen modifizierte Modell 1981 nur noch 164 km/h zustande brachte. Mit liegendem Fahrer, versteht sich.

Freilich besaßen diese Werte eher akademischen

Bewährte Stopper:
Die XS 650 wird vorne von zwei Scheibenbremsen verzögert. Dosierbarkeit und Wirkung können befriedigen.

Charakter, denn flach auf dem schlanken 12,6 Liter-Tank wollte kein XS 650-Fahrer kauern. Der Wunsch der Yamaha-Piloten und die Domäne des Zweizylinder-Modells waren eindeutig genüssliche Touren, am besten über kurvenreiche Landstraßen. Dort konnte das sehr handliche Fahrwerk seine Qualitäten voll ausspielen, und der mit einer obenliegenden Nockenwelle versehene Zweizylinder begeisterte mit sattem Durchzug bereits aus untersten Drehzahlbereichen.
Doch wo Licht ist, gibt es bekanntlich auch Schatten, und die eher dunklen Kapitel erstrecken sich bei der XS 650 auf Baugruppen wie Bremsen oder die Sitzbank. Vermochten die Stopper – eine Doppelscheibenbremse vorne und eine Trommelbremse hinten – im ersten Test 1975 noch mit kräftiger Wirkung und guter Dosierbarkeit gefallen, ernteten sie sechs Jahre später nur noch durchschnittliche Kritiken. Die Konkurrenz und auch das eigene Haus bot mittlerweile Besseres. Gleiches gilt für die Sitzbank, die für den Soziusbetrieb etwas zu kurz und vor allem zu hart geriet. Modellpflege in Form einer etwas üppigeren Polsterung hätte hier gut getan. Doch die erwähnten Punkte konnten eingefleischte XS 650-Fans freilich nie vom Kauf dieser klassischen Maschine abhalten. Zu urwüchsig war ihr

Auf Wiedersehen:
Hartnäckig hält sich das Gerücht, Yamaha wolle die XS 650 mit modernisierter Technik wieder zum Leben erwecken. Den Klassiker-Fan dürfte das nur freuen.

Konventionelle Technik: Wie bei nahezu allen Maschinen dieser Epoche finden sich auch bei der XS 650 eine Schwinge mit zwei direkt angelenkten Federbeinen sowie eine Trommelbremse hinten.

Charakter – schließlich vermochte sie wie keine andere japanische Maschine, zwei wichtige Qualitäten unter einen Hut zu bringen. Klassisches englisches Erscheinungsbild und bekannte japanische Zuverlässigkeit. Gerade in den heutigen Tagen, in denen die Welle klassischer Motorräder mehr und mehr an Kraft gewinnt, ist die XS 650 deshalb ein sehr gesuchtes Sahnestückchen. Exemplare in gutem bis sehr gutem Zustand finden sich deshalb kaum unter 3.500 Euro.

Nach englischem Vorbild:
Yamaha lehnte sich bei der Konstruktion der XS 650 ganz bewusst an englische Maschinen wie die Triumph Bonneville an. Allerdings ist die Yamaha zuverlässiger.

Technische Daten

Motor	
Bauart	4-Takt/Reihe
Zylinderzahl	2
Ventile je Brennraum	2
Ventiltrieb	OHC
Bohrung in mm	74
Hub in mm	75
Hubraum in cm^3	653
Verdichtung	8,4:1
Leistung in PS/Nenndrehzahl in 1/min	50/6800
Gemischaufbereitung	
Bauart/Anzahl	Gleichdruck-Vergaser/2
Hersteller	Mikuni
Venturi-Durchmesser in mm	38
Kraftübertragung	
Getriebe/Anzahl Gänge	Klauen/5
Primärübersetzung	2,667
1. Gang	2,462
2. Gang	1,558
3. Gang	1,30
4. Gang	1,095
5. Gang	0,957
Sekundärübersetzung	1,941
Sekundärantrieb	Rollenkette
Elektrische Anlage	
Generatorleistung in Watt	168
Betriebsspannung in Volt	12
Zündung	Batterie-Spulen-Zündung
Fahrwerk	
Rahmenbauart	Doppelschleifen-Rohrrahmen aus Stahl
Radführung vorne	Telegabel
Federweg vorne in mm	120
Radführung hinten/Federbeine	Schwinge/2
Federweg hinten in mm	80
Radstand in mm	1435
Räder und Bremsen	
Felgengröße vorne	1.85" x 19"
Felgengröße hinten	2.15" x 18"
Bereifung vorne	3.25-19
Bereifung hinten	4.00-18
Bremse vorne/Durchmesser in mm	Doppelscheibe/270
Bremse hinten/Durchmesser in mm	Trommel/190
Maße und Gewichte	
Länge in mm	2160
Breite in mm	730
Höhe in mm	1315
Sitzhöhe in mm	820
Gewicht in kg	225 (vollgetankt)
Tankinhalt in Litern	12,6
Fahrleistungen	
Höchstgeschwindigkeit langliegend in km/h	180
Preis	5.598.- Mark (1975)
Hersteller	Yamaha Motor Co.; Ltd., 1280 Nakajo, Hamakita-Shi, Shizuoka-Ken, Japan

Bibliographie

Folgende Literatur war bei den Recherchen zu diesem Buch hilfreich:

Fachzeitschriften:

MOTORRAD CLASSIC

MOTORRAD

PS Das Sport-Motorrad Magazin

Bücher:

Biedermann, Achim (1989)
»Italienische Motorräder«
Motorbuch Verlag, Stuttgart
1. Auflage 1989

Colombo Mario
»MV Agusta«
Motorbuch Verlag Stuttgart,
Patrignani Roberto (1991)
1. Auflage 1991

Gassebner, Jürgen (1999)
Typenkompass »Bimota-Motorräder«
Motorbuch Verlag Stuttgart
1. Auflage 1999

Kuch, Joachim (1994)
»Suzuki-Motorräder seit 1952«
Motorbuch Verlag Stuttgart
1. Auflage 1994

Kuch, Joachim /Gassebner, Jürgen (1998)
»Honda-Motorräder seit 1948«
Motorbuch Verlag Stuttgart
1. Auflage 1998

Gassebner, Jürgen (1999)
»Die schönsten Classic-Bikes«
Motorbuch Verlag Stuttgart
1. Auflage 1999

Gassebner, Jürgen (2003)
»Motorräder perfekt restaurieren«
Motorbuch Verlag Stuttgart
1. Auflage 2003

Gassebner, Jürgen (2003)
»Kawasaki – Die neue Z 1000 und ihre Ahnen«
www.jgassebner.de
1. Auflage 2003

Spezialisten in der Szene

Motorrad-Hersteller und -Importeure

APRILIA

Hersteller
Aprilia S.p.A.
Via Galileo Galilei 1
I-30033 Noale (VE)
Tel. 041/5829111
Fax 041/441054

Importeur Deutschland
Aprilia Motorrad GmbH
Am Seestern 3
40547 Düsseldorf
Tel. 0211/5901800
Fax 0211/5901819

Importeur Österreich
Ginzinger Import G.m.b.H.
Frankenburger Straße 19
A-1910 Ried im Innkreis
Tel. 07752/88077
Fax 07752/8807722

Importeur Schweiz
Mohag
Motorfahrzeug-Handels AG
Berner Straße Nord 202
CH-8064 Zürich
Tel. 01/4348686
E-Mail: info@mohag.ch
www.mohag.ch

ATK

Hersteller
ATK Motorcycles
5430 Union Pacific Avenue
City of Commerce
USA-722-8880 California (213)
Fax 0213/7224795

Importeur Deutschland
Hallat-Kramer-Motorradbau
Burgstraße 10
31020 Salzhemmendorf 11
Tel. 05153/1417
Fax 05153/5899
E-Mail: hallat@t-online.de

BENELLI

Hersteller
Benelli S.p.A.
Strada della Fornace Vecchia
I-61100 Pesaro
Tel. 0721/4187-1
Fax 0721/418722
E-Mail: info@benelli.com
www.benelli.com

Importeur Deutschland und Österreich
März-Motorradhandel GmbH
Acherstraße 10
76275 Ettlingen
Tel. 07243/59300
Fax 07243/99415
E-Mail: info@benelli-maerz.de
www.benelli-maerz.de

Importeur Schweiz
Technopolymer AG
Robert Mayer
Via Sottobisio 42/D
Pontegana Cas. Post. 277
CH-6828 Balerna/Chiasso
Tel. 091/6830333
Fax 091/6830330
E-Mail:
technopolymer@dplanet.ch

BETA

Hersteller
Betamotor S.p. A.
Pian dell´Isola
I-50067 Rignano/Arno
Tel. 055/8348741
Fax 055/8348984

Importeur Deutschland
Betamotor Deutschland GmbH
Am Forst 26
74889 Sinsheim-Eschelbach
Tel. 07265/9139-0
Fax 07265/913911
www.betamotor.com

Importeur Österreich
für Trialmotorräder
Günter Schick
Innsbruckerstraße 79a
A-6130 Schwaz
Tel. 05242/71682
Fax 05242/7168216

BIMOTA

Ehemaliger Importeur Deutschland
ZTK Erlebniswelt Motorrad
Harburger Straße 52
29640 Schneverdingen
Tel. 05193/964-0
Fax 05193/964333
www.ztk.de

BMW

Hersteller
BMW Motorrad
80788 München
Tel. 089/382-0
Fax 089/3597472

Kundenservice
BMW Motorrad Direct
80788 München
Tel. 089/9500885-0
Fax 089/9500885-85
E-Mail: motorrad@bmw.de
www.bmwmotorraeder.de

Importeur Österreich
BMW Austria
Siegfried-Marcus-Straße 24
A-5021 Salzburg
Tel. 0662/8383-0
E-Mail: info@bmw.at
www.bmw.at

Importeur Schweiz
BMW AG
Industriestraße 14
CH-8157 Dielsdorf
Tel. 01/8553111
E-Mail:
info.motorrad@bmw.ch
www.bmw-bike.ch

BOSS HOSS

Importeur Deutschland
W+W Cycles Bremen GmbH
An der Braunkuhle 7
28207 Bremen
Tel. 0421/4171995
Fax 0421/4171996
www.bosshoss.de

Importeur Schweiz
Moto Shop Zollikon Robert Lang
Gustav-Maurer-Straße 10
CH-8702 Zollikon
Tel. 01/3920120
Fax 01/3920279
E-Mail:
motoshop@dplanet.ch

BUELL

Hersteller
Buell Motor Company Inc.
2815 Buell Drive
USA-53120 East Troy, WI
Tel. 0262/642-2020
www.buell.com

Importeur Deutschland
Harley-Davidson GmbH
Starkenburgstraße 12
64546 Mörfelden
Tel. 06105/284-0
Fax 06105/284199
www.buell.de

CAGIVA

Hersteller
MV Agusta Motor S.p.A.
Via N. Bixio Nr. 8
I-21024 Biandronno (VA)
Tel. 0332/254111
Fax 0332/329379
E-Mail: info@mvagusta.it
www.mvagusta.it

Importeur Deutschland
MV Agusta Motor Deutschland GmbH
Industriestraße 60 A
50389 Wesseling
Tel. 02232/969030
Fax 02232/969050
E-Mail: info@cagiva.de
www.cagiva.de

Importeur Österreich
BLM Leitner Motorrad Handel AG
Industriegasse 13
A-8600 Bruck/Mur
Tel. 03862/53551-0
Fax 03862/53551-13
E-Mail: didi.brandl@blm.at

Importeur Schweiz
Cagiva Motor Suisse SA
Riva Paradiso 26
CH-6900 Lugano
Tel. 091/9851170
Fax 091/9851179

DUCATI

Hersteller
Ducati Motor S.p.a.
Via Cavalieri Ducati 3
I-40132 Bologna
Tel. 051/6413111
Fax 051/406580

Importeur Deutschland
Ducati Motor Deutschland GmbH
Industriestraße 180
50999 Köln-Rodenkirchen
Tel. 02236/3912-0
Fax 02236/391290
E-Mail: info@ducati.de
www.ducati.de

Importeur Österreich
BLM Leitner Motorrad Handel AG
Industriegasse 13
A-8600 Bruck/Mur
Tel. 03862/53551-0
Fax 03862/53551-13
E-Mail: didi.brandl@blm.at

Importeur Schweiz
Motorimport SA
Via Vedeggio 4
CH-6928 Manno
Tel. 0 72 43/5 93 00
Fax 0 72 43/9 94 15

ENFIELD
Egli-Motorradtechnik
CH-5618 Bettwil
Tel. 00 41/56/6 67 23 60

Sommer Motorradtechnik
D-65817 Eppstein
Tel. 0 61 98/50 08 51

GAS GAS
Hersteller
Gas Gas motos S.A.
Ctra. N II Km. 72-Nave 4A
E-17458 Fornells de la Selva
Tel. 09 72/47 62 54
Fax 09 72/47 61 60

Importeur Deutschland
Dubronner Handels-GmbH
Markgrafenstraße 78
7646 Bruchsal-Heidelsheim
Tel. 0 72 51/44 02-0
Fax 0 72 51/44 02-60
E-Mail: gasgas@gasgas.de
www.gasgas.de

Importeur Österreich
BLM Leitner Motorrad Handel AG
Industriegasse 13
A-8600 Bruck/Mur
Tel. 0 38 62/5 35 51-0
Fax 0 38 62/5 35 51-13
E-Mail: didi.brandl@blm.at

GILERA
Hersteller
Piaggio C.S.p.A.
Viale Rinaldo Piaggio, 25
I-56025 Pontedera/Pisa
Tel. 05 87/27 21 11
Fax 05 87/29 09 06
www.gilera.com

Importeur Deutschland
Piaggio Deutschland GmbH
Industriestraße 8
86420 Diedorf
Tel. 0 82 38/30 08-0
Fax 0 82 38/30 08-69
www.piaggio.de

Importeur Schweiz
Ofrag AG
Rütistraße 19
CH-8952 Schlieren
Tel. 01/7 30 11 66
Fax 01/7 30 18 32
E-Mail: info@ofrag.ch
www.ofrag.ch

HONDA
Hersteller Japan
Honda Motor Co. Ltd
2-1-1 Minami Aoyama
J-Minatoku, Tokyo 107
Tel. 03/4 23 11 11

Hersteller Italien
Honda Italia Industriale S.p.A.
Via Kenia 72
I-00144 Rom
Tel. 06/54 79 41

Hersteller USA
Honda of America Manufacturing
Honda Park Way
USA-Marysville/Ohio 43040
Tel. 01/51 36 42 50 00

Importeur Deutschland
Honda Motor Europe (North) GmbH
Sprendlinger Landstraße 166
63069 Offenbach
Tel. 0 69/8 30 9-0
Fax 0 69/83 20 20
E-Mail: info@post.honda.de
www.honda.de

Importeur Österreich
Honda Austria Ges. mbH
Hondastraße 1
A-2351 Wiener Neudorf
Tel. 0 22/36 69 00

Importeur Schweiz
Honda Suisse S.A.
Route des Moulieres 10
CH-1214 Vernier/Geneve
Tel. 0 22/9 39 08 19
E-Mail:
hondasuisse@honda-eu.com
www.hondamoto.ch

HUSABERG
Hersteller
Husaberg Motor AB
Endurovägen
SE-695 72 Röfors
Tel. 05 84/1 08 60
Fax 05 84/1 31 10
E-Mail: force@husaberg.se
www.husaberg.se

Importeur Deutschland
KTM-Sportmotorcycle GmbH
Hohenburger Straße 55
Gewerbegebiet
92289 Ursensollen
Tel. 0 96 28/92 11-0
Fax 0 96 28/92 11-80
E-Mail: info@ktm.at
www.ktm.at

Importeur Schweiz
Fabag AG
Zürcherstraße 305
CH-8500 Frauenfeld
Tel. 0 52/7 22 12 74
Fax 0 52/7 22 63 05

HUSQVARNA
Hersteller
MV Agusta Motor S.p.A.
Via N. Bixio Nr. 8
I-21024 Biandronno (VA)
Tel. 03 32/25 41 11
Fax 03 32/32 93 79
E-Mail: info@mvagusta.it
Internet: www.mvagusta.it

Importeur Deutschland
Moto-Sport Handels AG
Trostberger Straße 26
83301 Traunreut
Tel.n 0 86 69/8 66-0
Fax 0 86 69/86 65 90
E-Mail:
info@husqvarna-motorrad.de
Internet:
www.husqvarna-motorrad.de

Importeur Österreich
BLM Leitner Motorrad Handel AG
Industriegasse 13
A-8600 Bruck/Mur
Tel. 0 38 62/5 35 51-0
Fax 0 38 62/5 35 51-13
E-Mail: didi.brandl@blm.at

Importeur Schweiz
Cagiva Motor Suisse SA
Riva Paradiso 26
CH-6900 Lugano
Tel. 0 91/9 85 11 70
Fax 0 91/9 85 11 79

KAWASAKI
Hersteller
Kawasaki Heavy Industries Ltd.
Consumer Product Group
1-1 Kawasaki-cho Akashi-city
J-Hyogo Pref. 673 Japan

Importeur Deutschland
Kawasaki Motoren GmbH
Max-Planck-Straße 26
61381 Friedrichsdorf
Tel. 0 61 72/7 34-0
Fax 0 61 72/73 41 60
E-Mail: info@kawasaki.de
www.kawasaki.de

Importeur Österreich
Moto GmbH
Marktstraße 9
A-2331 Vösendorf
Tel. 01/6 99 27 02
Fax 01/6 99 27 07
E-Mail: office@kawasaki.at
www.kawasaki.at

Importeur Schweiz
FIBAG AG
Vertrieb Motorrad/Roller
Bahnhofstraße 19
CH-5745 Safenwil
Tel. 62/7 88 85 55
Fax 62/7 88 85 60
E-Mail: info@kawasaki.ch

KTM
Hersteller
KTM Sportmotorcycle AG
Harlochnerstraße 13
A-5230 Mattighofen
Tel. 0 77 42/60 00
Fax 0 77 42/60 07

Importeur Deutschland
KTM-Sportmotorcycle GmbH
Hohenburger Straße 55
Gewerbegebiet
92289 Ursensollen
Tel. 0 96 28/92 11-0
Fax 0 96 28/92 11-80
E-Mail: info@ktm.at
Internet: www.ktm.at

Importeur Schweiz
Fabag AG
Zürcherstraße 305
CH-8500 Frauenfeld
Tel. 0 52/7 22 12 74
Fax 0 52/7 22 63 05

LAVERDA
Hersteller
Moto Laverda S.R.L.
International I.mo.La.
Via Monte Pasubio 119
I-36010 Zané (Vicenca)
Tel. 4 45/31 41 81
Fax 4 45/31 47 97

Importeur Deutschland
Stein-Dinse GmbH
Im Alten Dorfe 3
38112 Braunschweig
Tel. 05 31/2 10 21-0
Fax 05 31/2 10 21 22
E-Mail: info@stein-dinse.com
Internet:
www.stein-dinse.com

Importeur Österreich
Lois Sulzbacher
Linzerstraße 21
A-4070 Eferding
Tel. 0 72/7 25 42

Importeur Schweiz
Intermobil AG
Bleienbachstraße 54
CH-4900 Langenthal
Tel. 0 62/9 19 40 30

MONDIAL
Hersteller
Mondial Moto S.p.A.
Via Brescia, 36
I-25025 Manerbio (BS)
Tel. 030/9937849
Fax 030/9380026
E-Mail: info@mondialmoto.it
Internet: www.mondialmoto.it

MONTESA
Hersteller
Montesa Honda S.A.
Calle del Mar del Nord, s.n.
E-08130 Santa Perpétua
de Mogoda (B)

Importeur Deutschland
Frank Schroeder
Hauptstraße 41
69436 Schönbrunn
Tel. 06272/722
Fax 06272/3682

MOTO GUZZI
Hersteller
Moto Guzzi G.B.M.S.p.A.
Via E.V. Parodi, 57
I-22954 Mandello del Lario
Tel. 0341/709111
Fax 0341/709267

Importeur Deutschland
Moto Guzzi Deutschland
GmbH
Am Seestern 3
40547 Düsseldorf
Tel. 0211/52288800
Fax 0211/52288810
E-Mail: info@moto-guzzi.com
www.moto-guzzi.com

Importeur Österreich
MGH Handelsgesellschaft
mbH
Division 2-Rad
A-6020 Innsbruck
Importeur Schweiz
Intermobil AG
Bleienbachstraße 54
CH-4900 Langenthal
Tel. 062/9194030

MV AGUSTA
Hersteller
MV Agusta Motor S.p.A.
Via N. Bixio Nr. 8
I-21024 Biandronno (VA)
Tel. 0332/254111
Fax 0332/329379
E-Mail: info@mvagusta.it
www.mvagusta.it

Importeur Deutschland
MV Agusta
Motor Deutschland GmbH
Industriestraße 60 A
50389 Wesseling
Tel. 02232/969030
Fax 02232/969050
E-Mail: info@mvagusta.de
www.mvagusta.de

Importeur Österreich
BLM Leitner Motorrad
Handel AG
Industriegasse 13
A-8600 Bruck/Mur
Tel. 03862/53551-0
Fax 03862/53551-13
E-Mail: didi.brandl@blm.at

Importeur Schweiz
Cagiva Motor Suisse SA
Riva Paradiso 26
CH-6900 Lugano
Tel. 091/9851170
Fax 091/9851179

MZ
Hersteller
MZ Motorrad- und
Zweiradwerk GmbH
Alte Marienberger Straße 30-35
09405 Zschopau-Hohndorf
Tel. 03725/49-0
Fax 03725/49-150
www.muz.de

Importeur Schweiz
Egli Motorradtechnik AG
Hauptstraße 14
CH-5618 Bettwil
Tel. 056/6672360
Fax 056/6671600
E-Mail: eglimoto@spectra-web.ch
www.egli-racing.ch

NORTON
Hersteller
Norton Motors
Deutschland GmbH
Manthalstraße 5
82335 Berg 1
Tel. 08151/28708
Fax 08151/21103
E-Mail: norton@t-online.de
www.nortonmotors.com

SACHS
Hersteller
Sachs Fahrzeug- und
Motorentechnik GmbH
Nopitschstraße 70
90441 Nürnberg
Tel. 0911/4231-0
Fax 0911/4231-373
www.sachs-bikes.de

Importeur Schweiz
Egli Motorradtechnik AG
Hauptstraße 14
CH-5618 Bettwil
Tel. 056/6672360
Fax 056/6671600
E-Mail: eglimoto@spectra-web.ch
www.egli-racing.ch

SUZUKI
Hersteller
Suzuki Motor CO. Ltd
300 Takatsuka
J-43201 Hamamatsu
Tel. 0532/471111

Importeur Deutschland
Suzuki Motor GmbH
Deutschland
Tiergartenstraße 8
64646 Heppenheim
Tel. 06252/705-0
Fax 06252/705-200
www.suzuki.de

Importeur Österreich
Suzuki Austria Automobil
Handels GmbH
A-5020 Salzburg
Tel. 0662/452440
Fax 0662/456096

Importeur Schweiz
Frankonia AG
Hohlstraße 612
CH-8010 Zürich
Tel. 01/4316511
Fax 01/4316708
E-Mail: info@frankonia.ch
www.suzuki.ch

TRIUMPH
Hersteller
Triumph Motorcycles Limited
Jacknell Road, Dodwells
Bridge
GB-LE10 3BS Hinckley,
Leicestershire
Tel. 0455/251700
Fax 0455/251367

Importeur Deutschland und Österreich
Triumph
Motorrad Deutschland
GmbH
Otto-Hahn-Straße 20
61381 Friedrichsdorf-Köppern
Tel. 06175/9336-0
Fax 06175/9336-27
www.triumph-deutschland.de

Importeur Schweiz
Triumph France S.A.
19, Boulevard Georges
Bidault
F-77437 Marne-la-Vallee
Cedes 2

VOXAN
Hersteller
Voxan
Allée saint Simon – B.P. 7719
Z.I. du Vert Gallant
F-95046 Cergy-Pontoise
Cedex
Tel. 01/34407810
Fax 01/34400265

Importeur Deutschland und Österreich
Voxan GmbH
Schulstraße 6
64689 Hammelbach
Tel. 06253/9486-0
Fax 06253/9486-350
E-Mail: info@voxan.de
www.voxan.de

YAMAHA
Hersteller
Yamaha Motor Co., Ltd
J-2500 Shinghai Iwata,
Shizuoka
Tel. 081/538321145
Fax 081/538374250
www.yamaha-motor.co.jp

Importeur Deutschland
Yamaha Motor
Deutschland GmbH
Hansemannstraße 12
41468 Neuss
Tel. 02131/2013-0
Fax 02131/2013-300
www.yamaha-motor.de

Importeur Österreich
Yamaha Motor Austria GmbH
Carl-Berger-Gasse 66 a
A-1234 Wien
Tel. 01/8651503
Fax 01/8651509
E-Mail: yamaha@yamaha-motor.co.at
www.yamaha-motor-europe.com

Importeur Schweiz
Hostettler AG
IXS Motorradmode
Industriestraße
CH-6210 Sursee
Tel. 041/9266-111
Fax 041/9266293

Tuning-Betriebe

Bender Mot & Digitec
Rudolf-Diesel-Straße 3
51570 Windeck
Tel. 02292/1720
Fax 02292/6557
E-Mail: v.bender@t-online.de

Nico Bakker Framebouw b. v.
Donkereweg 1
NL-1704 DV Heerhugowaard
Tel. 072/5714642
Fax 072/5744844
www.bakker-framebouw.nl

Big Bike
Beudweg 6
74928 Hüffenhardt
Tel. 06268/6418
Fax 06268/6469
E-Mail: dr.big-bike@t-online.de
www.big-bike-online.de

Carbo Tech Composites GmbH
Eugen-Müller-Straße 16
A-5071 Salzburg-Walz
Tel. 0043/662/850382
Fax 0043/662/85038277
E-Mail: office.carbon@aon.at
members.aon.at/carbotech

Däs Mototec
Gschwender Straße 34
73577 Birkenlohe
Tel. 07176/3729
Fax 07176/1388
E-Mail: info@daes-mototec.de
www.daes-mototec.de

Dynotec GmbH
Alzeyer Straße 33–37
67592 Flörsheim-Dalsheim
Tel. 06243/5882
Fax 06243/7029
www.dynotec.de

Eckert Motorradtechnik
Roland Eckert
Kupferzellerstraße 42
74635 Kupferzell-Belzhag

Egli Motorradtechnik AG
Hauptstraße 14
CH-5618 Bettwil
Tel. 056/6672360
Fax 056/6671600
E-Mail: eglimoto@spectra-web.ch
www.egli-racing.ch

Importeur Deutschland

Michael Niemann
Obere Mühle 28
58644 Iserlohn
Tel. 02371/25292
Fax 02371/22310
www.egli.de

Fallert Motorrad-Sport GmbH
Neulandstraße 2a
77855 Achern
Tel. 07841/6205-0
Fax 07841/28958
E-Mail: fallert@fallert.com
www.fallert.com

Gaidosch
Walbergraben 28
35614 Aßlar
Tel. 06441/8656
Fax 06441/8609
Ghezzi & Brian
siehe Serienmotorräder,

Hegemann AG
Gottlob-Bauknecht-Straße 4
73614 Schorndorf
Tel. 07181/9711-40
Fax 07181/971141
E-Mail:
hegemann@ducati-hegemann.de
www.ducati-hegemann.de

HERU Carbontec
Wolffstraße 2
56746 Kempenich
Tel. 02655/960377
Fax 02655/960378
www.heru-carbontec.de

HPN Motorradtechnik GmbH
Hofmarkstraße 1
84375 Seibersdorf
Tel. 08571/5300
Fax 08571/1081
E-Mail: info@hpn.de
www.hpn.de

Hyperpro
Flevolaan 13
NL-1382 JX Weesp
Tel. 0294/418500
Fax 0294/480192
E-Mail: info@hyperpro.com
www.hyperpro.com

Kämna
Brügger Straße 27
28870 Otterstedt
Tel. 04205/8707
Fax 04205/2360
E-Mail: email@ducati-kaemna.de
www.ducati-kaemna.de

Kainzinger
Altwingertweg 10
68766 Hockenheim
Tel. 06205/287753
Fax 06205/287755
E-Mail: kainzinger@t-online.de
www.kainzinger.com

Karthin Rennsport
Wanheimer Straße 4350
47055 Duisburg
Tel. 0203/706356
Fax 0203/791586

Krause
Huckarder Straße 291
44369 Dortmund
Tel. 0231/31999
Fax 0231/394115

Laaks Motorrad GmbH
Schulstraße 9–13
34281 Gudensberg
Tel. 05603/93170
Fax 05603/931750
E-Mail: info@laaks.de
www.laaks.de

LKM
Annaberger Straße 276
53175 Bonn
Tel. 0228/316631
Fax 0228/316629
www.lkm.de

MCT Lohmann
Gieseckenkamp 19
30851 Langenhagen
Tel. 0511/744212
Fax 0511/744151
E-Mail: mct-lohmann@t-online.de
www.mct-lohmann.de

LSL-Motorradtechnik GmbH
Heinrich-Malina-Straße 107
47809 Krefeld
Tel. 02151/555915
Fax 02151/548416
www.lsl-motorradtechnik.de

M-Design
Koblenzer Straße 88
56133 Fachbach
Tel. 02603/5049313
Fax 02603/5049314
E-Mail: info@mdesign-studio.de
www.mdesign-studio.de
Mader-HM
Helmut Mader
Pretzener Weg 14
85435 Erding
Tel. 08122/48286
Fax 08122/48286

Mende
An der Jägerhütte 14
31020 Salzhemmendorf
Tel. 05153/963001
Fax 05153/963002
E-Mail:
einfo@powered-by-mende.de
www.powered-by-mende.de

Métisse
Forststraße 23
71549 Auenwald-Hohnweiler
Tel. 07191/302030
Fax 07191/302020
E-Mail: info@metisse.de
www.metisse.de

MIZU
Weidegang 3
78247 Hilzingen
Tel. 07731/90670
Fax 07731/906767
E-Mail: mail@mizu.de
www.mizu.de
Moko
GSG – Mototechnik
Rickstraße 5
32699 Extertal
Tel. 05754/655
Fax 05754/1740
E-Mail: info@moko-gsg.de
www.moko-gsg.de

Motomeccanica
Hundschleestraße 31
72766 Reutlingen
Tel. 07121/492040
Fax 07121/478644
www.motomeccanica.de

Motorcorner GmbH
Daimlerstraße 1
73117 Wangen/Göppingen
Tel. 07161/914160
Fax 07161/9141630
E-Mail: info@motorcorner.de
www.motorcorner.de

Motor Partner
Paschenfurth 13
47506 Neukirchen-Vluyn
Tel. 02845/33925
Fax 02845/33933
E-Mail: info@motor-partner.de
www.hondax4.de

Moto-Spezial
Uracher Straße 23
72532 Gomadingen
Tel. 07385/1692
Fax 07385/1516
E-Mail: moto-spezial@t-online.de
www.moto-spezial.de

Nölte
Wiesenstraße 15
14473 Potsdam
Tel. 0331/7482386
Fax 0331/7482384
E-Mail: info@suzuki-noelte.de
www.suzuki-noelte.de

Phoenix Motorrad-Tuning
Neuenhofstraße 160
52078 Aachen
Tel. 0241/5688222
Fax 0241/5688223
E-Mail:
info@phoenix-motorrad.de
www.phoenix-motorrad.de

RSI-Performance
Hauptstraße 2
82549 Königsdorf
Tel. 08179/467

Fax 08179/5495
E-Mail: info@rsi-performance.de
www.rsi-performance.de

Schäfer Motorsport
St. Avolder Straße 24
66740 Saarlouis
Tel. 06831/48513
Fax 06831/46588
E-Mail:
info@schaefer-motorsport.de
www.schaefer-motorsport.de

Bodo Schmidt Motorsport GmbH
Am Erzweg 1
66839 Schmelz
Tel. 06887/90100
Fax 06887/2080
E-Mail: bodo-schmidtmotorsport@t-online.de
www.bodo-schmidt.de

Seeber Motorräder
Jahnstraße 28
67245 Lambsheim
Tel. 06233/506118
Fax 06 233/506119
www.ducati-tuning.de

Sewa Motorsport GmbH
Industriestraße 34
66557 Illingen
Tel. 06825/495676
Fax 06825/495574
Speer
Wannweiler Straße 65
72770 Reutlingen-Betzingen
Tel. 07121/959310
Fax 07121/959390
E-Mail: greaf@speer-racing.de
www.speer-racing.de

Sport Connection
Michael Stöcker
Erbacher Straße 62
64658 Fürth/Odenwald
Tel. 06253/86489
Fax 06253/930904
E-Mail:
sport-connection@t-online.de
www.sport-connection.de

Thurn Motorsport
Talstraße 43
97816 Lohr am Main
Tel. 09352/6734
Fax 09352/70265
E-Mail:
info@thurn-motorsport.de
www.thurn-motorsport.de

Touratech AG
Auf dem Zimmermann 7-9
78078 Niedereschach
Tel. 07728/9279-0
Fax 07728/927929
E-Mail: info@touratech.de
www.touratech.de

TTO Techno Tuning Oberhausen
Graßhofstraße 139
46147 Oberhausen
Tel. 0208/681105
Fax 0208/681105
E-Mail: Ralf.Merten@t-online.de
www.ttoweb.de
uno-Motorradtechnik GmbH
Holzmannstraße 2
86473 Ziemetshausen
Tel. 08284/8094

Wellbrock & Co. GmbH
Beim neuen Damm 20
28865 Lilienthal
Tel. 04298/3254
Fax 04298/30716
E-Mail: info@wellbrock.com
www.wellbrock.com

WPR Walter Products
Pfennigbreite 34
37671 Höxter
Tel. 05271/69110
Fax 05271/691117
E-Mail: info@wpr-tuning.de
www.wpr.to

Wüdo am Flughafen
Gottlieb-Daimler-Straße
59439 Holzwickede
Tel. 02301/91880
Fax 02301/918829
E-Mail: hw@wuedo.de
www.wuedo.de

Spezialisten

Adler
Klaus Forster
An den Stadtwiesen 37
64625 Bensheim/Schwanheim
Tel. 06251/983191
Fax 06251/983193

Aermacchi
Renn- und Straßenteile
Tel.: 0031(0)521 518 558
Fax 0031(0)521 522 141
E-Mail:
info@aermacchi-racing.com
www.aermacchi-racing.com

Akrapovic
siehe Jack Calof's Top Gear GmbH
siehe Jam Parts

ABM Fahrzeugtechnik GmbH
Im Gelbstein 25a
79206 Breisach
Tel. 07667/94460
Fax 07667/944625
www.ab-m.de

AJS – Biker's Mill
H. Schüsseler
Schlichstr. 44
52459 Inden/ Schophoven
Tel. 02465/905123
Fax 02465/905125

Alpha-Technik
Kleinholzener Weg 1
83071 Stephanskirchen
Tel. 08036/300720
Fax 08036/300729
www.alphatechnik.de

Ardie
Ardie-Ersatzteile
Fa. Kurt Heumann
Hardtstraße 6
64750 Lützelbach
Tel. 06165/912055
Fax 06165/912054

Ariel
Draganfly Motorcycles
The Old Town Maltings
Broad Street, Bungay,
Suffolk NR35 1EE, U.K.
Tel. 0044 1986
894798/892826
Fax 0044 1986 894798
E-Mail:
spares@dragAnfly.co.uk
www.dragAnfly.co.uk

Ariel – Cornucopia Enterprises
Ersatzteile für englische Motorräder von 1910 bis 1980
In der Grund 2
37647 Vahlbruch
Tel. 05535/911114
Fax 05535/911115

Arrow
siehe Alpha-Technik

AWO
Ersatzteile, Motorräder
Feller
Alte Feuerwehr
06901 Dorna
Tel. 034927/21615
Tel. 034927/21615
www-emwfeller.de

Baehr
Marktstraße 2
66957 Vinningen
Tel. 06335/5004
Fax 06335/5008

Beringer
siehe Alpha-Technik

Bitubo
siehe Alpha Technik

BMC Motorsport GmbH
Gerbergasse 10
79379 Müllheim
Tel. 07631/10330/10376
Fax 07631/172167
www.bmcairfilter.de

BMW – Martin Kornhas
Teile für Baujahre 1950–1969
R 50/2 alle Teile neu oder gebraucht
Vieles von 1935–1940 sowie ab -/5
Martin Kornhas
Nördliche Uferstraße 14
76189 Karlsruhe
E-Mail: martin@kornhas.de
www.kornhas.de

BMW – Breindl – Grope
Oldtimerteile für Motorräder
BMW – EWO – AWO – SIMSON
E. Breindl – Grope
Querumer Str. 26a
38104 Braunschweig
Tel. 0531/375737
Fax 0531/377763

BMW – Klaus Breuer Service
Komplett-Restauration,
Instandsetzung, Wartung,
Galvanik, Glasstrahlen, Handlinierung
Auweg 4
95502 Lanzendorf
Tel. 09273/6945
Fax 09273/8056

BMW – Edelstahl-Auspuffanlagen
BSM
Hohlstraße 1
65510 Hünstetten
Tel. 06126/6036
Fax 06126/6039
E-Mail:
bsm-exhaust@t-online.de
www.bsm-auspuff.de

BMW – Kurt Heumann
Hardtstr. 6
64750 Lützelbach
Tel. 06165/912055
Fax 06165/912054

BMW – Theofried Jeckel
Heinrich-Verkleidungen, Tanks und alle Ersatzteile für Motorräder
Schützenhausstr. 11a
65510 Idstein
Tel. 06126/4177 + 70864
Fax 06126/3851
www.jeckelBMW.com

BMW – Motorrad Lamers
A.T.-Getriebe, Rahmen richten,
Aluguss und Speichenräder

aller Fabrikate richten
Münchner Straße 1c
82178 Puchheim/Bhf. bei München
Tel. 089/8002528
www.motorrad-lamers.de

BMW – S. Meyer
Motorräder + Ersatzteile
Ankauf – Verkauf – Tausch
Oldtimer-Motorradreifen
BMW-Teile ab Bj. 1950 bis Bj. 1985 neu und gebraucht
Bahnhofstr. 22
67586 Hillesheim
Tel. 06733/8195 oder 7281
Fax 06733/8134

BMW – Motorrad-Stemler
BMW-Ersatzteile
R 25 bis R 25/3, R 26, R 27
R 51/2 bis R 68, R 50 bis R 69 S
Garschager Heide 29
56300 Remscheid
Tel. 02191/53067

BMW – Uli's Motorradladen
Motorräder & Ersatzteile
R 24–R 27, R 51/2–R 68
R 50–R 69 S, R 50/5–R 100
Ulrich Seiwert
Gutleutstr. 144
60327 Frankfurt a. M.
Tel. 069/239319
Fax 069/233840
E-Mail: ulismotorradladen@t-online.de
www.ulismotorradladen.de

BMW – WÜDO
Wüdo am Flughafen
Gottlieb-Daimler-Straße
59439 Holzwickede
Tel. 02301/91880
Fax 02301/918829
E-Mail: hw@wuedo.de
www.wuedo.de

BOS Auspuff GmbH
Reitgaartstraße 2
49828 Neuenhaus
Tel. 05941/4793
Fax 05941/5364
www.bos-exhausts.com

Bosch
Elektronic-Data Kleiber GmbH
Ingenieurbetrieb für Oldtimer-Elektrik
Bosch, Noris, Magneti Marelli, Lucas, BTH, Soubitez
Am Sonnenhang 18
51789 Lindlar
Tel.: 02266/470077
Fax 02266/470079

Braking
siehe Motorex/Braking

Brembo
siehe Brune
siehe Stein-Dinse

Brune GmbH
Wöste 6
48291 Telgte
Tel. 02504/5648 oder 1732
Fax 02504/1840
www.brembo.it

BSA – Biker's Mill
H. Schüsseler
Schlichstr. 44
52459 Inden/ Schophoven
Tel. 02465/905123
Fax 02465/905125

BSA – Draganfly Motorcycles
The Old Town Maltings
Broad Street, Bungay,
Suffolk NR35 1EE, U.K.
Tel. 0044 1986 894798/892826
Fax 0044 1986 894798
E-Mail: spares@dragAnfly.co.uk
www.dragAnfly.co.uk

BSA – Motorradtechnik Fürst
Spinnerweg 51–54
53783 Eitorf
Tel. 02243/80175
Fax 02243/840575

BSA – Weigelt
Goldstar Service und Norton/Triumph-Teile
British Bikes Weigelt
Nassauer Str. 14
60439 Frankfurt
Tel. 069/571397
Fax 069/5890725
www.bb-weigelt.de

BSA – Ehrkamp
Neu- und Gebrauchtteile
Martin Ehrkamp
Düsseldorfer Str. 113
42781 Haan
Tel. 02129/344975
Fax 02129/344976

BSA – Cornucopia Enterprises
Ersatzteile für englische Motorräder von 1910 bis 1980
In der Grund 2
37647 Vahlbruch
Tel. 05535/911114
Fax 05535/911115

BSM
Hohlstraße 1
65510 Hünstetten
Tel. 06126/6036
Fax 06126/6039
E-Mail: bsm-exhaust@t-online.de
www.bsm-auspuff.de

Büsch Motorcycle Products
Alte Bogenstraße 71
47661 Issum
Tel. 02835/440570
Fax 02835/440574

CFP Driesch GmbH
Nachtweide 41
67433 Neustadt a.d. Weinstraße
Tel. 06321/499100
Fax 06321/4991010

Davida
Klassische Sturzhelme
Lust Motorrad GmbH
Bonner Wall 124
50677 Köln
Tel. 0221/93707070
Fax 0221/93707077

Devil
siehe Kedo

DKW – Dienst
Bernhard Greiner
Ersatzteile für DKW-Motorräder
Lehmgrubenstr. 21
72336 Balingen
Tel. 07433/15188
Fax 07433/6245

DKW – Motorrad Stemler GmbH
Ersatzteile für DKW-Motorräder
Garschager Heide 29
42899 Remscheid
Tel. 02191/53067

DKW – Kurt Heumann
Hardtstr. 6
64750 Lützelbach
Tel. 06165/912055
Fax 06165/912054
Ducati – Nienhagen
Ersatzteile, Service, Motorräder
Andreas Nienhagen
Esslinger Str. 20a
70736 Fellbach
Tel. 0711/588096

Ducati – Remagen
Motoren, Kurbelwellen, Zylinderköpfe, Auspuffgewinde, Restauration
Ernst Remagen
Vorderstr. 14
65618 Selters-Münster
Tel. 06483/3864
Fax 06483/3864

Ducati – Rupprecht
Mono-Racing,
1- u. 2-Zyl.-Königswelle
Günther Rupprecht
Ledersmühle 1
90518 Altdorf
Tel. 09187/7269
Fax 09187/7269

Dynojet
siehe Moto Parts

EBC
siehe Matthies

EMW
Ersatzteile, Motorräder
Feller
Alte Feuerwehr
06901 Dorna
Tel. 034927/21615
Tel. 034927/21615
www-emwfeller.de

Edelstahlschrauben

Uwe Gräber
Postfach 1647
249006 Flensburg
Tel. 0461/28480
Fax 0461/28023

Manfred Möser
Weißbachstr. 44
36381 Schlüchtern-Gundhelm
Tel. 06664/919566
Fax 06664/919576
www.moeser-schrauben.de

Manfred Rauhudt
Habsthaler Str. 36
72505 Krauchenwies
Tel. 07576/2592
Fax 07576/1797

Elektrik

K. Laubersheimer
Schlachthofstr. 12a
76829 Landau/Pfalz
Tel. 06341/4241
Fax 06341/42461

XMAS Motorcycle Electrics
Kleine Pfarrgasse 8
1020 Wien
Tel. (0043) 1/2149085-0
Fax (0043) 1/2149085-44
www.xmas1.at
Kabel Schmidt
Inh. Matthias Schmidt Dip.-Ing. (FH)
Kirchstraße 5
D-79189 Bad Krozingen
Tel. (0049) 07633/939705
Fax (0049) 07633/939712
e-Mail: info@kabel-schmidt.com
www.kabel-schmidt.de).

Fechter Drive Motorsport GmbH
Michael-Becker-Straße 22
73235 Weilheim/Teck
Tel. 07023/95230

Fax 07023/4930
www.fechter.de

FG Engineering
siehe Alpha-Technik

Figaroli
siehe Götz

Fichtel & Sachs – Kurt Heumann
Hardtstr. 6
64750 Lützelbach
Tel. 06165/912055
Fax 06165/912054

Ferodo
siehe Alpha-Technik

Galvanisierung

R. Kreile
Kölner Str. 80
60327 Frankfurt
Tel. 069/735765
Fax 069/73900976

Metallveredelung Rohde GmbH
Wolfgang Rohde
Lessingstraße 19
72663 Großbettlingen
Tel. 07022/44880
Fax 07022/241860

Gilles Tooling
siehe Alpha-Technik
www.gillestooling.de

Giesslieren

International Product Sales
Heinz Romanowicz
Heilbronner Str. 25
73037 Göppingen
Tel. 07161/582501
Fax 07161/582011
Mobil: 0160/91767171
E-Mail: IPS@online.de

GL Motorrad-Technik
Konrad-Adenauer-Straße 118
72461 Albstadt
Tel. 07432/14141
Fax 07432/170171
www.gl-motorradtechnik.de

Glasperlenstrahlen/ Sandstrahlen

Johannes Salch
97762 Hammelburg-Westheim
Tel. 09732/3930

Götz by M & P
Postfach 180
72403 Bisingen
Tel. 07476/933150
Fax 0800/6666639
www.goetz-motorsport.de

Hänsle Motorradsport
Industriestraße 12
77955 Ettenheim.
Tel. 07822/445840
Fax 07822/445858
www.termignoni.de

Hey-Tec
Stübbenstraße 9
10779 Berlin
Tel. 030/21478034
Fax 030/21478035
www.hey-tec.com

Hipp & Partner MCA
Kleinburgwedeler Weg 1
30938 Burgwedel/Thönse
Tel. 05139/894906
Fax 05139/894923
www.leovinci.de

Honda – Deibel
Ersatzteile bis Bj. 86
Deibel Zweirad GmbH
77978 Schuttertal-Dörlinbach
Tel. 07826/326
Fax 07826/366

Honda – Mr. Monkey & Dr. Dax
Honda Monkey & Dax-Tuning
N. Tams
Wasserkampstr. 12
30559 Hannover
Tel. 0511/9523357
Fax 0511/9523356

Honda – Sayonara-Cycles
Four-Gebrauchtteile 350, 400, 500, 550, 750 Bj. 69–79, Neuteile, Zubehör
Tel. 0221/5461833
www.sayonara-cycles.de

Horex – Ammon Technik
Regina – Resident – Imperator
Ammon Technik GbR
Kreuzstr. 6
97424 Schweinfurt
Tel. 09721/41455 + 86058
Fax 09721/801379

Horex – Kurt Heumann
Hardtstr. 6
64750 Lützelbach
Tel. 06165/912055
Fax 06165/912054

Horex – Kahrmann
Ersatzteile, Instandsetzung, Radspannerei
Damian-Schmidt-Str. 2
36043 Fulda
Tel. 0661/32091
Fax 0661/32095

Horex-Neuteile
Klaus Forster
An den Stadtwiesen 37
64625 Bensheim/Schwanheim
Tel. 06251/983191
Fax 06251/983193

Horex – Motorrad-Stemler
BMW-Ersatzteile
R 25 bis R 25/3, R 26, R 27
R 51/2 bis R 68, R 50 bis R 69 S
Garschager Heide 29
56300 Remscheid
Tel. 02191/53067

hs1-Motorrad-Zubehör
Harald Haungs
Raifeisenstraße 5 + 21
74806 Bad Rappenau

Hyperpro
siehe Micron Systems
siehe Wilbers

Hurric
siehe Fechter Drive

Horex – Kurt Heumann
Hardtstr. 6
64750 Lützelbach
Tel. 06165/912055
Fax 06165/912054

IXIL
siehe Paaschburg und Wunderlich

ISR
siehe GL Motorrad-Technik

Jack Calof's Top Gear GmbH
Pausmühle 1b
85617 Aßling
Tel. 08065/90770
Fax 08065/907729
www.akrapovic-deutschland.de

Jam Parts
Saarstraße 72
71282 Hemmingen
Tel. 07150/970565
Fax 07150/970518
www.akrapovic.de

Kawasaki – Roland Lenden
Z1, Z 900, Z 1000
Tel. 06171/55411
Fax 06171/55244
E-Mail: lenden@t-online.de

Kawasaki – Klasmo Bikes
www.z-klasmo.de
E-Mail: info@klasmo-bikes.de

Kawasaki – Deibel
Ersatzteile bis Bj. 75
Deibel Zweirad GmbH
77978 Schuttertal-Dörlinbach
Tel. 07826/326
Fax 07826/366

Kawasaki – Metallveredelung Rohde GmbH
Wolfgang Rohde
Lessingstraße 19
72663 Großbettlingen
Tel. 07022/44880
Fax 07022/241860

Kawasaki – Pfaff
Ludwig Pfaff
Untertal 36
77978 Schuttertal
Tel. 07823/1887

Kedo
Moorkamp 19
20357 Hamburg
Tel. 040/40170200
Fax 040/40170201
www.kedo.de

Kolben
Leo Dümpert
Bülitz Nr. 24
29487 Luckau/Wendland
Tel. 05844/1862
Fax 05844/1835

Kolben-Beschichtungen
Kexel GmbH
Flughafenstr. 10
56459 Ailertchen
Tel. 02663/6823
Fax 02663/7855
www.kexel.de

Kreidler-Dienst
Aldinger Str. 2
70806 Kornwestheim
Tel. 07154/4686
Fax 07154/4657
E-Mail: info@Kreidlerdienst.de
www.Kreidlerdienst.de

Kunststoffbeschichten

Johannes Salch
97762 Hammelburg-Westheim
Tel. 09732/3930

Fa. Heinemann
Max-Planck-Str. 21
47647 Kerken
Tel. 02833/2417
Fax 02833/2412

Kunststoffglas-Reparatur
E.V.I. GmbH
Gautinger Str. 40a
82061 Neuried

Tel. 089/7450 62-0
Fax 089/7450 62-99
www.e-v-i.de
E-Mail: info@e-v-i.de.

Kurbelwellen-Instand-setzungen
Kexel GmbH
Flughafenstr. 10
56459 Ailertchen
Tel. 02663/6823
Fax 02663/7855
www.kexel.de

Leder-Reparatur
Autozubehörteile Gerl
Tel. 08662/66080
www.atggmbh.com

Lackieren/ Linieren
www.schillys-lackierung.de
Tel. 089/8126018

Peter Stücker
Schloßstr. 1
48336 Sassenberg
Tel. 02583/4264
Fax 02583/3597
E-Mail: info@peter-stuecker.de
www.peter-stuecker.de

Manfred Müller
c/o Paul Heinkel Lackierfach-betrieb
Gustav-Werner-Str. 5
72581 Dettingen/Erms
Tel. 07123/72699-0
Fax 07123/72699-17
E-Mail:
info@heinkel-karosserie.de
www.heinkel-karosserie.de

Leder-Reparatur
Autozubehörteile Gerl
Tel. 08662/66080
www.atggmbh.com

Leovinci
siehe Hipp & Partner

LSL Motorradtechnik
Heinrich-Marlina-Straße 107
47809 Krefeld
Tel. 02151/555915
Fax 02151/548416
www.lsl-motorradtechnik.de

Lucas Magnete & Limas
Biker's Mill
H. Schüsseler
Schlichstr. 44
52459 Inden/ Schophoven
Tel. 02465/905123
Fax 02465/905125

Lucas / TRW Automotive GmbH
Rudolf-Diesel-Straße 7
56566 Neuwied
Tel. 02631/9120
Fax 02631/912219
www.lucas-bikersworld.com

MAB
De-Vos-Straße 18
25524 Itzehoe
Tel. 04821/87871
Fax 04821/87974
www.mab-auspuffbau.de

Maico – Kurt Heumann
Hardtstr. 6
64750 Lützelbach
Tel. 06165/912055
Fax 06165/912054

Matchless – Biker's Mill
H. Schüsseler
Schlichstr. 44
52459 Inden/ Schophoven
Tel. 02465/905123
Fax 02465/905125

Matchless – Cornucopia Enterprises
Ersatzteile für englische Motorräder
von 1910 bis 1980
In der Grund 2
37647 Vahlbruch
Tel. 05535/911114
Fax 05535/911115

Matthies
Hammerbrookstraße 78
20097 Hamburg
Tel. 040/23725120
Fax 040/23725190
www.matthies.de

Métisse
Forststraße 23
71549 Auenwald-Hohnweiler
Tel. 07191/302030
Fax 07191/302020
www.metisse.de

MFW – Mechanische Fertigung Wolf
Mühlenstraße 7
79232 March/Holzhausen
Tel. 07665/930200
Fax 07665/930201
www.mfw-wolf.de

Micron Systems
Boxdorfer Straße 13
90765 Fürth-Sack
Tel. 0911/936740
Fax 0911/9367434
www.micronsystems.de

Mizu Motorradtechnik
Weidgang 3
78247 Hilzingen
Tel. 07731/90670
Fax 07731/906767
www.mizu.de

Moto Guzzi
www.motoguzzi-auspuff.de

Moto Guzzi-Lastendreiräder
Ercole + Ercolino
Lothar Singer
Tel. 07579/1041

Moto Morini
Ersatzteilversand
Tel. 06306/993536
Fax 06306/993536

Moto Parts
Neustraße 44
47809 Krefeld
Tel. 02151/557370-73
Fax 02151/541015

Motorex/Braking
Mühlenweg 1
24796 Bredenbek
Tel. 04334/18760
Fax 04334/187629

MR – Motorrad-Technik
Siebengebirgsstraße 2
53909 Zülpich
Tel. 02252/8387994
Fax 02252/833180

MZ
Ersatzteile, Motorräder
Feller
Alte Feuerwehr
06901 Dorna
Tel. 034927/21615
Tel. 034927/21615
www-emwfeller.de

Nikko
siehe Team Métisse

Nissin
siehe Micron Systems

Norton – Biker's Mill
H. Schüsseler
Schlichstr. 44
52459 Inden/ Schophoven
Tel. 02465/905123
Fax 02465/905125

Norton – Cornucopia Enterprises
Ersatzteile für englische Motorräder von 1910 bis 1980
In der Grund 2
37647 Vahlbruch
Tel. 05535/911114
Fax 05535/911115

Norton – Norton Motors
Manthalstr. 5
82335 Berg 1
tel. 08151/28708
Fax 08151/21103
E-Mail: norton@t-online.de
www.nortonmotors.de

NSU – Kurt Heumann
Hardtstr. 6
64750 Lützelbach
Tel. 06165/912055
Fax 06165/912054

NSU – Motzke
Ersatzteile, Literatur, techn. Auskünfte
Jakobusstr. 30
36124 Büchenberg
E-Mail: SKS@nsu-motzke.de
www.nsu-motzke.de

NSU – Schönhaar
Ersatzteile + Literatur
P. Schönhaar
Hofgasse 21
72669 Unterensingen
Tel. 07022/62232

NSU – Motorrad-Stemler
NSU-Ersatzteile
Garschager Heide 29
56300 Remscheid
Tel. 02191/53067

Öhlins
siehe Zupin Moto-Sport

Paaschburg und Wunderlich
Eiffestraße 418
20537 Hamburg
Tel. 040/25403636
Fax 040/2502832
www.pwhamburg.de

Phoenix Motorrad-Tuning
Neuenhohstraße 160
52078 Aachen
Tel. 0241/5688222
Fax 0241/5688223
www.phoenix-motorrad.de
PVM Vetterolf GmbH
Mundenheimer Straße 39
68199 Mannheim
Tel. 0621/855202
Fax 0621/858941
www.pvm.de

Race-Tech
siehe Zupin Moto-Sport

Radspannerei Köhler
Carl-Spaeter-Str. 13
56070 Koblenz-Reinhafen
Tel. 0261/801036
Fax 0261/82129

Radspannerei Maier
Special Wheel Company
Tel. 07156/39999
Fax 07156/32504
www.swc-maier.de

Radspannerei Straub
Klaus Straub
Lagerhausstr. 10
98157 Ebrach
Tel. 09553/1689
Fax 09553/1689

RaiRoTec
Am Verschubbahnhof 61
47809 Krefeld
Tel. 02151/542250
Fax 02151/542280
www.rairotec.de

Remus
siehe Phoenix

Restaurierung
Gerd Kräuter
Werkzeugmacher und
Zweiradmechanikermeister
Am Wiesental 41
64720 Michelstadt-Steinbruch
Tel. 06061/925639
Mobil 0174/6456452

Sachs
siehe Fichtel & Sachs

Sebring
siehe Mizu

Shark
siehe Fechter Drive

Smiths-Tachometer
Biker's Mill
H. Schüsseler
Schlichstr. 44
52459 Inden/ Schophoven
Tel. 02465/905123
Fax 02465/905125

SR Racing GbR
Fürholzener Straße 24
85298 Scheyern
Tel. 08441/785110
Fax 08441/785109
www.sr-racing.de

Spiegler Bremstechnik
Kunzenweg 16
79117 Freiburg
Tel. 0761/611010
Fax 0761/6112929
www.spiegler.de

Stamsnijder Olde Juninck
Suspension
Reitgaarstraße 2
49828 Neuenhaus
Tel. 05941/920780
Fax 05941/920781
www.wp.nl

Stein-Dinse
Im Alten Dorfe 3
38112 Braunschweig
Tel. 0531/210210
Fax 0531/2102122
www.stein-dinse.de
Tank-Beschichtungen

Der Tank-Spezialist GmbH
Heppstr. 119
72770 Reutlingen
Tel. 07121/704209
Fax 07121/585283
www.Tank-Spezialist.de

Technik Ammon GbR
Kreuzstr. 6
97424 Schweinfurt
Tel. 09721/41455 + 86058
Fax 09721/801379

Tanksiegel-Versand Busch
Gertrud-Herz-Str. 36
97422 Schweinfurt
Tel. 09721/473390
Fax 09721/473370

Technorama
www.technorama.de

Termignoni
siehe Hänsle

Triumph – Ehrkamp
Neu- und Gebrauchtteile
Martin Ehrkamp
Düsseldorfer Str. 113
42781 Haan
Tel. 02129/344975
Fax 02129/344976

Triumph – Biker's Mill
H. Schüsseler
Schlichstr. 44
52459 Inden/ Schophoven
Tel. 02465/905123
Fax 02465/905125

Triumph – Cornucopia
Enterprises
Ersatzteile für englische
Motorräder von 1910 bis 1980
In der Grund 2
37647 Vahlbruch
Tel. 05535/911114
Fax 05535/911115

Triumph – Motorradtechnik
Fürst
Spinnerweg 51–54
53783 Eitorf
Tel. 02243/80175
Fax 02243/840575

Vance & Hines Germany
siehe Büsch

Veterama
www.veterama.de

Victoria – Motorrad-Stemler
Victoria-Ersatzteile
Garschager Heide 29
56300 Remscheid
Tel. 02191/53067

Werkzeuge für die Instandsetzung
Lichtherz, der Werkstatt-Ausrüster
Im Meissel 8
71111 Waldenbuch
Tel. 07157/9629
Fax 07157/72990
www.lichtherz.de

White Power
siehe Stamsnijder Olde
Juninck

Wilbers Racing Suspension
Alfred-Mozer-Straße 84
48527 Nordhorn
Tel. 05921/6057
Fax 05921/74099
www.wilbers.de

Yamaha – Deibel
Ersatzteile ab Bj. 68
Deibel Zweirad GmbH
77978 Schuttertal-Dörlinbach
Tel. 07826/326
Fax 07826/366

Yamaha – Twins Inn
XS 650-Ersatzteile, Zubehör,
Tuning
Restauration, Customizing
Wormser Str. 50
64579 Gernsheim
Tel. 06258/903068
Fax 06258/903071
www.twins-inn.de

Yoshimura
siehe BMC

Zündapp – Klaus Forster
An den Stadtwiesen 37
64625 Bensheim/Schwanheim
Tel. 06251/983191
Fax 06251/983193

Zündapp – Motorrad Stemler
GmbH
Ersatzteile für DKW-Motorräder
Garschager Heide 29
42899 Remscheid
Tel. 02191/53067

Zündapp – Kurt Heumann
Hardtstr. 6
64750 Lützelbach
Tel. 06165/912055
Fax 06165/912054

Zündungssysteme
P. Hackner
Tel.: 0911/6106213
Fax 0911/6106222
www.nology-zuendsystem.de

Zupin Moto-Sport
Trostberger Straße 26
83301 Traunreut
Tel. 08669/8480
Fax 08669/848590
www.zupin.de

Reifen-Hersteller

Bridgestone/Firestone
Deutschland GmbH
Du-Pont-Straße 1
61352 Bad Homburg
Tel. 06172/408255
Fax 06172/408249
www.bridgestone.de

Cooper Avon Reifen
Deutschland GmbH
Klöcknerstraße 1
63110 Rodgau Großnieder-Roden
Tel. 06106/266580
Fax 06106/2665858
www.cooper-avon.de

Dunlop GmbH
Dunlopstraße 2
63450 Hanau
Tel. 06181/6801
Fax 06181/681816
www.dunlop.de

Metzeler Reifen GmbH
Gneisenaustraße 15
80992 München
Tel. 089/149080
Fax 080/14908534
www.metzelermoto.de

Michelin Reifenwerke KGaA
Postfach 210951
76159 Karlsruhe
Tel. 0721/530000
Fax 0721/5301290
www.michelin.de

Münchner Oldtimer Reifen
GmbH
Gewerbering 14
83607 Holzkirchen/Obb.
Tel. 08024/6794 + 5832
Fax 08024/49634

Pirelli Motorrad-Reifen
Postfach 500425
80974 München
Tel. 089/149080
Fax 089/14908534
www.pirellimoto.de

Takt-Frage:
Über die Zahl der Arbeitstakte kann bei diesen Herren diskutiert werden, über die Marke jedoch nicht. Eine Kawasaki muss es sein. Wolfgang Rohde, Thomas Haag und Günter Sanders beim Treff zu einer Ausfahrt für MOTORRAD CLASSIC.

KAWASAKI
750
KAWASAKI
MACH III 500

Es gibt sie noch: Straßenplaner
mit Herz für Motorradfahrer.
DIE WELT IST EINE KURVE.
Alle 14 Tage in MOTORRAD:
viele Themen mit vielen Kurven.
Die schönsten Seiten des Motorradfahrens.
Atemberaubende Ausblicke, die neuesten Maschinen, mitreißende Tests und Fahrberichte, Reportagen vom Sport auf und abseits der Piste, Touren und Reisen über die schönsten Straßen weltweit – alles drin, alle 14 Tage, aber nur in MOTORRAD.
MOTORRAD. Europas größte Motorrad-Zeitschrift.
Die Nr. 1 EUROPAS GRÖSSTE MOTORRAD-ZEITSCHRIFT
MOTORRAD
WELTEXKLUSIV
ERSTER FAHRBERICHT

Sportliche Leistungs-Gesellschaft: Ducati 750 SS, Laverda 750 SFC und MV Augusta 750 S bei einem Foto-Termin mit einer 300 PS starken Extra 300 L für MOTORRAD CLASSIC zusammen mit den Fahrern Uli Kolb, Richard Schlotz, Willi Balz und Pilot Klaus Lenhart.